YOUR

你的貓

CAT

Simple New Secrets to A Longer, Stronger Life

伊莉莎白·哈吉肯斯 Elizabeth M. Hodgkins 作

謝凱特(aka酒鬼) 譯　饒宛茹 審譯

本書獻給我的愛貓胖金。十年前的胖金因為糖尿病而備受折磨之後復元，促使我寫下這本書。如果胖金沒有出現在我的生命中，或許我永遠都不會質問自己，進而發現本書所要透露的重要事實。本書同時也要獻給我的兒子麥特。在堪薩斯州某處露營地，麥特堅持要我們收養流浪在外的無助胖金。麥特為無助的貓所展現的大愛讓世界有所不同。

目　　　錄

推薦序

在現代社會中,貓已經超越狗成為最受歡迎的家庭寵物。同時,美國人存在地球的時間多出了百分之六十二,因為平均壽命延長了。居住在城市的人、老化的嬰兒潮世代、成員增加的家庭、以及獨居的人,都可以開心地享受有貓作伴的生活,因為貓安靜、容易照顧,而且幾乎適合任何居住空間。貓甚至時常被接受進駐老人之家。

就在最近,社會已經發現、證明了並且更加認同人類和動物之間的連結,是健康的人類互動不可或缺的一部分。這個獨特的連結具有療癒的力量,為身體健康帶來好處,因為動物同伴帶給人喜悅、互動、娛樂以及服務。在每個人不同的生活經驗中,寵物都給大家帶來滋養與關愛。

儘管大家都知道女性比較愛貓,但愛貓的男性也開始大方出現了,而

且各個年紀的愛貓男都有，雖然在過去男性的寵物大多是狗。今天，男性可以不帶尷尬地公開表達對貓的喜愛。從事促進人類和寵物連結工作的我，給這種特別深厚的關係起了一個名字叫做「愛貓男」連結。

不管是為貓還是我們自己，我們都應該從頭到尾、徹徹底底把這本書讀過一遍。身為一位獸醫、育種者、營養學家、免疫學家和內科醫生，本書作者伊莉莎白·哈吉肯斯獸醫師敞開心胸分享第一手的寶貴科學知識給愛貓人，而且字字珠璣。哈吉肯斯獸醫曾經在寵物健康保險業擔任法律理賠部門主管，因此得以一窺全國私人寵物的疾病和死亡真實數據庫。她看到的是累積了二十年的現代資料，所顯示出來的疾病傾向。

針對貓的健康、營養、行為、疫苗、疾病和壽命，哈吉肯斯獸醫以一位優秀的法庭律師所具備的清晰及技巧，提出了科學的理性見解。過去二十至四十年來，在大家已建立習慣並作為傳統被接受的這一灰色地帶中，哈吉肯斯獸醫極具邏輯的啟發無疑投下了一道亮光。哈吉肯斯獸醫的論述尖銳甚至令人不安，它們所點出的問題也不會那麼容易就快速地被改正，儘管我們已經等待了太久了。

哈吉肯斯獸醫這本深入淺出的著作，目的是要教育貓主人以及預防貓的疾病。如果愛貓人學到新知，依照哈吉肯斯獸醫的做法提供貓食和照顧，可以避開令人心碎的疾病，以及許多常見疾病的醫療花費，包括癌症等今日家貓常見疾病。貓的壽命延長了，貓主人可以多獲得好幾年和寵物共度的愉快時光。

哈吉肯斯獸醫代表全世界的貓寫下這本書。在她出色的執業經驗中，她觀察、診斷以及治療許多基本的貓疾病（炎症性腸病、皮膚問題、糖尿病、甲狀腺機能亢進、貓科三腺炎 [Feline Triaditis，貓同時得到炎症性

腸病、肝病和胰臟炎〕、脂肪肝、癌症）。過胖、營養不良和養育方式所引起的慢性病，是製造出這些貓病的溫床。而關於餵乾飼料的方便性和過度注射疫苗這兩件事，她真心希望全世界的愛貓人，會因為閱讀此書而改變這兩個被接受已久的既定事實。哈吉肯斯獸醫以學者的身分提出有深度的實際建議，每一位愛貓人都會想要依照她的建議改善對貓的照顧和食物提供。現在是人類對扮演同伴角色的寵物，重新許下承諾的最佳時機。身為有道德良心的寵物照顧者，我們必須努力做到最好，以及矯正曾經犯過的錯。

我和我先生擁有兩隻斑點貓（Ocicat，亦稱奧西貓或歐西貓），是哈吉肯斯獸醫一手帶大的。牠們美麗、聰明而且願意原諒人類所犯的錯，豐富我們每天的生活。跟隨此書所提的建議，我們得以繼續享受和兩貓共度的最圓滿時光。

────── 愛麗思・維拉羅波思（Alice Willalobos）獸醫

美國人與動物獸醫協會會長（AAHABV, 2005-2006）；

美國加州托倫斯伍蘭崗「動物腫瘤諮詢服務診所」，

及加州諾沃克「寵物臨終關懷機構」（Pawspice Care Clinic）

致謝

任何一個雄心壯志的出版計畫，背後都有許多人和作者一樣做出無價貢獻，希望付出的努力可以成功。本書也是如此。首先我要感謝我的先生理查（Richard），他是第一個建議我停止不滿的碎念，把我的實務經驗化成白紙黑字寫下來的人。他的支持和鼓勵，讓這本「愛的苦力」得以完成。我還要感謝許多其他人，他們是獸醫麗莎・皮爾森（Dr. Lisa Pierson，譯註：皮爾森醫生的個人網站 http://www.catinfo.org 內容豐富，並且提供自製貓生食食譜）、理內・奧克曼（Lynette Ackman）、安・傑布羅斯基（Anne Jablonski，譯註：貓營養網站 Cat Nutrition 創辦人，站內有自製貓生食食譜）、雪碧・戈梅思（Shelby Gomas）、道格・科恩（Doug Cohn）、克莉思蒂・馬丁（Kristi Martin），以及其他許多人的協助和鼓勵。他們

和我一樣認眞地在喚起寵物主人的關注，瞭解我們照顧貓時所犯的錯誤，以改善貓的生活。沒有他們的合作和支持，本書無法完成。我還要感謝胖金，我的第一隻糖尿病貓；牠帶給我學習的機會，我不僅學到許多重要的事，也明白過去幾十年來我們對貓所造成的傷害。最後我要感謝出版社的瑪西亞·馬克蘭（Marcia Markland）、黛安娜·蘇（Diana Szu）和每一個人，因爲你們的信任，出版本書的願望得以實現。

前言

任何跟貓相處過的人都知道，
貓帶著無限的耐心面對人類有限的思維。

—— 克里夫蘭・艾莫利（Cleveland Amory, 1917-1998）
美國作家、記者、評論員及動物權行動主義者

大約從十年前或甚至更早開始，美國的貓已經超越狗成爲**最受歡迎**的寵物。根據資料來源估計，目前全美有六千萬到七千萬隻貓，居住在三千五百萬個家庭中，而且沒有任何跡象顯示，短期內如此的成長**趨勢會轉向緩慢**或甚至反向而行。獸醫看到一個前所未有的家貓數字，牠們被人類細心照顧，產生如家人般的強烈情感連結。當我一九七七年從獸醫學院畢業時，從未想過貓會和人類，不論男女，如此緊密相依。簡而言之，貓不僅已經成爲家中寵物，而且占據人類情感的重要地位，人們願意爲貓做任何事，以提供健康長壽的幸福貓生。

因爲關心貓咪的一切需要，所帶來的結果是健康的改善和壽命的延長。例如，因爲有越來越多的家貓被養在室內，傳染病的發生減少了，車

禍受傷或死亡的貓減少了，被狗或其他野生動物攻擊的狀況也減少了。結紮的家貓數字提高，被棄養在收容所、疏於照顧，或安樂死的貓數字也跟著降低。

很不幸的是，當貓處在一個很多狀況都有改善的今天，牠們卻是付出很高的代價，才得以換來數千萬愛貓人的悉心照顧。這個代價指的是失去健康，因為商業乾飼料的營養貧乏、過度注射疫苗、以及對貓獨特的身體需要和行為模式不同於其他寵物的不瞭解，都對貓的健康造成不良影響。

幾乎所有主要的致命疾病——過度肥胖（Obesity）、糖尿病（Diabetes）、包括膀胱炎（Inflammatory Cystitis）在內的膀胱問題、腎衰竭（Kidney Failure）、甲狀腺機能亢進（Hyperthyroidism）、炎症性腸病（Inflammatory Bowel Disease），甚至某些癌症——都和愛牠們的人類所犯的錯誤有直接關係。數十年前貓並不是寵物，牠們是勞務貓，負責控管牧場、農場、和周圍環境的害蟲數字。人們為當地的貓提供相當的保護，以交換貓所提供的服務，幫我們除去家中和環境中帶有病菌或是偷吃穀物的囓齒動物。在這種特別的共生共存關係中，並不需要或甚至特別渴望讓貓成為家中真正的寵物。因為勞務需要，貓保有認真狩獵的本能和饑餓感，牠們待在室外，很少吃家中餐桌上的食物，一般人也支持牠們在各方面都保有原本的野性。因之在和人開始建立互動關係之前，為了替人類效勞這一目的，人有必要讓貓維持原本的習性。

而在更早之前就被人類馴化的狗並非如此。在當時的關係中，家犬提供的服務包括顧家、聽從主人的指示聚集牲畜、幫助人類打獵、捕獲獵物供人或社區其他成員食用。這些服務需要人狗之間有密切的工作關係，因此狗的性情、身體結構、甚至食物都顯著改變了。為了幫助人，狗必須做

出改變以配合人的居家環境。因此在未被馴化前便已存在的貓狗之間的差異，在牠們開始進入人類世界之後，變得更加明顯。

因為吃的是主人餐桌上的食物，狗成為雜食動物，和牠們的主人一樣。而在選擇性育種之下，這個改變更加快速。眾多不同的動物和植物所提供的營養讓狗成長苗壯，狗維持並擴大吸收養分的彈性。跟人類生活的貓並沒有受到如此的影響。貓從一開始就是肉食動物，沒有經歷過來自人類或環境的進化壓力，也沒有經歷過選擇性育種，以變得更加雜食性。事實上如果貓和狗一樣開始吃起穀物或蔬菜作物，貓可能會被逐出人類生活之外。貓與人類關係的唯一價值，是去消滅偷吃農作物的生物，並且藉由消滅這些生物，幫助控制害蟲散播的疾病，例如黑死病。

在一些古老文明中，例如西元前二千年的埃及，貓有很高的地位，甚至被神格化。有些歷史學者甚至認為那個時候的貓已經走入人類家庭；不過貓與人類生活的真實互動發展到何種程度，以及是否曾經有過任何充分的理由，以嘗試改變貓的自然行為或營養特性，則是完全無從得知。當然也沒有任何歷史證據顯示，把貓神格化的那段時期，改變了貓的基本天性以及身體的新陳代謝機制。

有些來自古老中東的證據顯示，貓似乎進入埃及人家中居住，甚至幫忙打獵，捕捉小型獵物和魚。從四千年前埃及的貓墳墓中，可以看到陪葬的物品有牛奶、囓齒動物，和來自其他動物的營養物品，陪伴著被製成木乃伊的貓進入下一個生命輪迴。這些物品不如人類的陪葬品來得多樣化，顯示埃及人瞭解貓的自然需求。

埃及人養的貓以及我們今天養的貓，和以前或現在的野貓比起來，可能個性比較溫馴。這種個性的轉變大多歸因於社會化（刻意訓練加

以馴服〔Taming〕），或是透過一個名爲「幼體化」（Neotenization，
審譯註：外表或行爲刻意保留一部分幼年時期時的特徵，最典型的例子就是波斯
貓的娃娃臉）的自然篩選過程，而不是像狗、牛等眞正被人類完全馴養
（Domestication）。一隻已經社會化的家貓，一旦被放回野外，短期間內
便會回復本性，重現自給自足的行爲模式。相反地，來自野外棲息地的幼
貓，甚至某些成貓，在給予適當的社會化照顧之後，會非常適應和人類一
起生活。

　　貓獨特且原始的新陳代謝和營養需求，並沒有因爲如此簡單的社會化
過程而有所改變。貓的思維和身體的運作一如史前時期，沒有改變，這是
經過數千年環境壓力的篩選而塑造成型，成爲完全的肉食動物，以及生存
環境中上層的掠食者。人類完全沒有在任何方面改變這些掠食哺乳動物的
本質。

　　是這些特別而古老的特質，讓貓（不管是過去還是現在的貓）和我們
生活中所有其他的動物有所不同。當我們把貓帶進家中並且放在心上，沒
有認清貓的這些特質是我們的錯，進而造成不明智的傷害。在步調極爲快
速的現代生活中，我們把信任放在時刻席捲而來的商業廣告浪潮之上。錯
誤的信任讓我們把有害的生活型式加諸在貓身上，甚至相信我們在做最大
的努力以維護貓的幸福和健康。

　　這本書要改變這個想法。在接下來的內容，我們要去探索今日家貓的
主要健康問題，進而瞭解我們人類是如何造成這些問題；以及我們，而且
也只有我們，要怎麼做才能導正過去錯誤的思維。

第 一 部

從二十一世紀的觀點看貓

1

和我們一起生活的掠食者

大部分的愛貓愛狗人士都知道，貓狗是肉食動物。也就是說，貓狗會出於自願吃下肉，以獲取有價值的養分。許多哺乳動物，包括人類、豬、熊、浣熊等，表面上似乎有類似的肉食動物傾向。當有肉可以吃的時候，這些動物善加利用機會去吃肉。然而，貓和其他哺乳動物有一個非常明顯的不同之處。狗、人類、豬、熊、浣熊等都是雜食動物，有肉的時候才吃肉。而貓，不管是大貓（大型貓科動物）還是小貓，都是**絕對**肉食動物。雜食動物並不需要吃肉以當做主要營養來源；蔬菜也可以是食物中很大的部分，而且可適當且平衡地提供身體健康需要的所有養分。但是對貓而言，只有肉，以及肉才有的養分，才是生存所必需。

貓不是小型狗

　　貓和狗這兩種最受歡迎的家庭寵物，牠們的基因、身體結構和新陳代謝卻有很大的不同。研究肉食動物、雜食動物和草食動物的飲食習慣的科學家告訴我們，這些如梯形般的食物鏈，是在每一種動物的進化歷史中，建立起來並強化鞏固。這些專家的研究結果顯示，**貓型亞目**（Feloidea）這個超級家族的成員，包括今日的貓，在遙遠的史前時代曾經迅速進化，但卻在過程中突然停止。屬於其他家族的肉食動物，包括**犬型亞目**（Canoidea，狗即屬於此目），則似乎繼續進化，來配合不斷改變的演化需求。

　　貓的基因組合有比較少的染色體，是證明貓古老天性的好證據，相較起來狗的染色體多出很多。貓的細胞中有三十八個染色體，而狗有七十八個。這並不表示貓的身體和基因的細緻度不如狗，而是表示在很早以前，貓就已經完全而且永遠地適應其生存環境，沒有經歷多少額外的壓力需要改變基因。

　　狗和貓也有很多不同但非常專有的生理結構。狗有四十二顆恆齒，貓只有三十顆。狗的臼齒比貓多，且形狀特別適合用來壓碎食物，這是吃植物時所必需的。而相反地，貓科動物的牙齒形狀適合用來緊緊咬住並且撕下肉類。在結構上，貓的上下顎前後和左右移動的能力遠不如狗，磨碎不同植物蔬菜的能力當然比不上狗。貓的眼睛和耳朵位於頭部前方，在追蹤獵物時提供無比精確敏銳的視力和聽力，特別是在夜晚。不同於狗，貓的爪子可以縮起來，那是必須追趕、捕捉並撲倒野生獵物的動物所具備的特色。

狗和貓的腸胃道也非常不一樣。這些不同之處強調出牠們對食物的需求不同。科學告訴我們，生物腸胃道系統基本結構的改變，和飲食有密切關係。貓的胃（Stomach）、盲腸（Caecum）和結腸（Colon）比狗的小，這些都是和消化蔬菜有最重要關係的腸胃道器官。以身長比例為比較基礎，貓的腸道比狗的短，顯示貓的食物具有高消化度（蛋白質和脂肪），相較之下狗吃下的蔬菜多出很多。貓的胃部內壁表面積遠大於狗。解剖學家相信，胃壁面積的增加是為了適應消化較多的肉、熱量比較高的食物而做的調整。貓的盲腸非常原始，然而狗的盲腸較發達；再次地，消化道的盲腸幫助處理的是非肉的纖維類食物。

貓對營養素的需求，尤其是蛋白質，也同樣在告訴我們貓是嚴格的肉食動物。一九七○和八○年代所做的研究指出，不管是幼貓還是成貓，牠們對蛋白質的需要都遠遠多於幼犬或成犬。不同於雜食動物的狗，貓的身體要燃燒蛋白質以獲得每日熱量，無論在何種狀況之下皆是如此。然而大部分其他動物則是只有當食物中含有豐富的蛋白質時，才會燃燒大量的蛋白質轉換成熱量。

但是，即使從食物中所攝取的蛋白質有限，貓還是需要很多蛋白質以轉換成熱量。當貓處於挨餓或是被過於限制攝取蛋白質的情況時，牠們會被迫分解自身體內的蛋白質（酵素、抗體、器官組織等），以製造熱量餵養細胞使其運作。因此，貓以最基本的方式在維持身體健康，也就是仰賴持續不斷地攝取容易消化的蛋白質，尤其是來自肉類的蛋白質。

貓位於食物鏈上方，表示對來自動物的必需脂肪酸（Essential Fatty Acid）和花生四烯酸（Arachidonic Acid）有絕對的需要。再者，貓需要攝取來自動物的維他命A，因為牠們無法利用植物中的胡蘿蔔素，去製造

這個必要的維他命。如果要反映出進化使然，貓是絕對肉食動物，而一一列出貓身體內部的機制，那是列不完的。

並非所有肝臟都類似

和雜食動物例如狗比較起來，貓最特別之處是肝臟的運作方式。貓對蛋白質（Protein）和氨基酸（Amino Acid）有很高的需求，係來自肝臟中某種特定酵素（Enzymes）的持續高活動力。這些酵素分解蛋白質中的氨基酸，使其在製造熱量過程中可以被使用，這個過程稱之為**糖質新生**（Gluconeogenesis）。在貓的體內，負責如此持續不斷的蛋白質高度燃燒率的重要器官是肝臟。雜食動物如狗的肝臟也具有這個功能，但是雜食動物會依據所獲得的蛋白質多寡，來調高或降低蛋白質燃燒率。相反地，貓的肝臟蛋白質燃燒率一直都是高的，甚至當食物中的蛋白質含量很低或是完全缺乏時也是如此。也因此如果貓沒有攝取到蛋白質，可能會快速地導致死亡。

在肝臟中，蛋白質氨基酸被轉換成葡萄糖（Glucose）（糖分），然後送入血管，供給身體對此一熱能營養素的需要。肉食動物像是貓，經過進化之後，適應的是低碳水化合物（Low Carbohydrate）的飲食，牠們身體所需的葡萄糖主要便由肝臟製造，而葡萄糖是動物的腦部主要能量來源。因為肉食攝取到的葡萄糖很低，對一隻絕對肉食動物而言，這成了很重要的任務。雜食動物的肝臟，包括人類和狗，有多重酵素系統可以處理食物中的碳水化合物；而貓只有一個這樣的酵素系統，所以處理高碳水化合物的能力受到限制。

這就是貓的特性。而具備這些特性的動物，需要的是最少和最簡單的身體系統，以符合生存所需。貓的祖先並不需要具備調高或降低蛋白質燃燒率的能力。同樣地，牠們不需要具備處理高碳水化合物的能力。蛋白質氨基酸被轉換成葡萄糖的這個特別系統，被保留在現代貓的體內；這個系統一直維持高度活躍，促使貓科動物吃下的蛋白質比雜食動物還要多。因為如此，很不幸地，同時吃下蛋白質不足或是缺乏的食物時，貓的身體所承受的折磨會遠遠大於雜食動物。當我們討論到許多常見的貓疾病時，我們會瞭解如此的需求是多麼重要。

遠離非洲

一般認為今日的家貓（Felis Domesticus）是幾千年前居住在北非沙漠一種小型野貓（Felis Lybica）的後代。如此乾燥的氣候可以解釋這個物種的許多特性。貓可以在長期沒有喝水的狀況下生存，當食物是罐頭或新鮮的肉時，很自然地牠們出於自願所喝下的水會很少。和狗以及其他居住在多水環境的動物比較起來，貓製造出的是高度濃縮的尿液。貓的自然傾向是製造出帶有許多新陳代謝廢棄物的高度濃縮尿液，所以餵貓吃含水量低的食物是危險的，因為貓天生不愛喝水。吃乾飼料的貓很少會喝下足夠的水，以平衡食物中的低水量，因此尿液更加濃縮，伴隨而來的是健康產生狀況，包括某種特定的膀胱疾病。乾飼料還含有會干擾貓尿液自然酸度的食材，吃下乾飼料而產生的高度濃縮鹼性（Alkaline）尿液，跟許多嚴重甚至致命的泌尿道問題息息相關。

掠食動物的生活型態

　　現代貓科的生活方式，大部分仍保有古老的掠食動物行為。有些野生貓科動物習慣離群索居，只有在交配季節才會去親近其他成貓。如此離群索居的貓科動物最令人熟知的是山獅或稱美洲獅（Cougar，學名 Felis Concolor）。其他貓科，例如非洲獅（Panthera Leo），過著相當靜態的生活，以小型的群居型態，一起打獵和照顧幼獅。每一個獅群都有非常明確的活動範圍，不讓外來者侵入，以保護資源不被取走。我們的寵物貓依然被牠們祖先的這些原始行為本能所影響。

　　家貓具有類似獅子的社交傾向。儘管一般認為家貓性格冷淡而且喜歡獨處，事實上大部分家貓天性喜歡有一些同類作伴。在活動範圍固定而且界線分明的貓群中，有著清楚的長幼尊卑階級制度。貓群中會有一隻貓領袖，通常是母貓，和其他地位比較低的貓共同生活。只要活動範圍夠大，基本上群貓都會和平相處，領袖貓和其他地位高低不一的貓之間的地位之爭並不常見。

　　不過有時候有些貓可能並不適合待在貓群中。一隻年輕的成貓可能遭到排擠，被逐出貓群，而且往往原因不明。被排擠的貓在群體中找不到友誼，相反地還常會被追趕，有時候甚至被地位低的成員攻擊。在野外的貓群中，被排擠的貓可能會離開棲息地，和其他也被逐出的貓集合起來，另闢新的棲息地；也有可能是移居到原棲息地的外圍，盡可能在不和其他貓互動的狀況下覓食和生活。有時候年輕的貓，通常是公貓，會突然對其他貓，不論地位高低，出現不當的、固執的強勢行為。非領袖貓的強勢行為會造成分裂，而且會被逐出貓群之外，除非牠可以打贏其他地位穩固的

貓，然後取而代之。

　　野外的貓群棲息地中，通常會有一群性別相同的貓關係特別密切。正值繁殖期的母貓會聚在一起，自然而然地幼貓也會跟在母貓身邊，直到斷奶。年輕的成年公貓則聚在一起形成另一個「單身部落」，但這個部落並不太跟母貓群打交道，因為只有棲息地中年紀比較大、地位比較高的公貓具有交配權。地位高的公貓過著比較獨居的生活，除非是在交配季節。有交配權的公貓之間會彼此競爭，而且每一隻在棲息地內都有屬於自己的次領地。當一隻公貓或其他有交配權的公貓，侵入地位穩固的公貓所建立的界線分明的次領地時，可能會爆發嚴重衝突。如果棲息地中沒有足夠的空間，以提供如此霸道的公貓交配空間，那麼就有貓得離開。霸氣公貓如果沒有成功地挑戰具有交配權的公貓，會被逐出貓群，得自行建立新貓群。

　　明白這些自然的群體關係和互動，以及群居生態中可能發生的干擾，對於貓的瞭解極為重要，尤其是當牠們被群居養在室內時。

和掠食者共同生活

　　花時間瞭解貓的自然生理結構和生活型態之後，我們學到的是，改變貓的生活型態，可能會造成疾病和行為失能。和其他較大型的非洲平原或亞洲雨林表親比起來，就算用盡力氣，家貓也無法比牠們更能適應極不自然的生活環境。**馴養的貓並沒有被馴化**，家貓可說是小型的、但基本上仍然是野生的種屬，牠們並沒有做出多大調整，以便和人類親密地生活在一起。

　　有些人對野生品種的貓情有獨鍾，我覺得這是一件很諷刺的事。因為

看起來比較沒什麼異國風情的家貓，其實在想法、心態和靈魂上，和凶猛雄偉的大型貓科動物比起來並沒有什麼不同。今天，有足夠見識的愛護動物者瞭解到，養一隻大貓需要極度注意這種大貓的迫切需要，包括正確的食物、正確的環境和正確的對待。然而，我們卻自以爲家貓在身心健康上的需求和大貓極爲不同。這是個錯誤的想法。

　　沒錯，一般來說我們熟悉的家貓並不是危險生物，具備大貓殺害或傷害我們的能力。家貓的體型和親人個性，讓牠們變成令人開心的、容易飼養的寵物。電影和野生動物紀錄片中的獅子、老虎、豹，和其他數不清的野生貓科，和我們的家貓的不同之處，僅止於家貓沒有如大貓般傷害人類的能力。在一天忙碌的工作之後在家門口迎接我們的家貓、在冷冷的雨夜和我們窩在床上的家貓、在我們的電腦上滿足地睡覺的家貓，依然是隻打獵機器，依然保有原始本能。我相信我們所深愛的家貓在夢中，依然充滿追逐獵物的快感、享受在熾熱陽光下小睡的愜意、聞著雨季的雨水落在綠色叢林天幕時所散發的氣味。這是最小的、最溫馴的家貓天性，也是牠們生理和心理的核心。

　　如果我們希望貓能夠健康長壽自然終老，就絕對不能忘記這個事實。

2
今日的貓生活

室內生活：優點和風險

幾十年前，寵物貓幾乎都還住在室外，牠們的生活和最早期的貓科祖先並沒有很大的不同，大部分食物都是自己獵取來的。人們偶爾給牠們一些餐桌上的剩菜，但多數的貓還是得自食其力去獵取食物。事實上，那時候的貓並不算寵物，而是有用的牧場、農場或家事貓。貓被期待要控制害蟲，例如老鼠和地鼠。這是牠們所做的工作，而且做得很好。倒並不是因為貓想幫忙，而是因為得捕捉獵物來吃才能生存。住在戶外的貓和其他動物或貓一起生活，遵循的是年齡階級規則。基本上戶外有很多空間讓貓活動，貓可以和其他大自然的社交族群互動，或是避開不想打交

道的動物。

　　這種戶外生活型態可能會帶來危險。戶外貓常常年輕早逝，因為要面對比貓大型的掠食者以及其他意外傷害，而且這種危險隨著汽車的增加而提高；面對一千多公斤的金屬高速迎面而來的撞擊，貓的進化可沒有對此做出準備。一九六〇年代以來，隨著農場和牧場被切割成小塊土地出售，許多寵物因為意外而陳屍街頭。都市化提高人口和動物密度，貓面對來自傳染病的危險也提高了。病毒、細菌和寄生蟲的傳染病，都可能造成貓大量死亡。戶外貓的醫療照顧相當不普遍，幫貓結紮並不常見，被丟棄的小貓以驚人的速度出現。這些沒有被保護的小生命也因此暴露在上述的危險之中。

　　在戶外生活的貓維持著獨立的個性，而且許多飼主相信貓並不愛撒嬌親人，無法成為居家伴侶。很多人相信貓天生不友善、不親人。二十世紀中期的貓，等了好幾十年才變成今日我們所熟悉的、受人寵愛的家庭成員。

　　一九八〇和九〇年代期間，社會文化的改變對寵物貓的生活型態有很深的影響。家庭起居空間包括室外的，變得更小，甚至完全沒了。大部分人的生活步調變得很快，許多家庭有兩個或以上的成人出外工作，不像以前會有一個成人留在家裡。白天的時候，當家中成員全部外出上班工作時，家中呈現空無一人的狀態。大家開始覺得養狗比較辛苦，尤其是較大型的狗，所以越來越多人養貓當寵物。貓的體型小，個性又相當獨立，開始變成吸引人的優點，因為人們想要有動物作伴，共同生活，但又不想被無時無刻的需要和照顧綁住。

　　過去二十年來，貓已經成為美國最愛歡迎的寵物。今天，大部分的家

貓終其一生都住在室內，受到保護免於遭受外來的危險。因爲受到家庭的保護，意外死亡和傷害大大減少。傳染性疾病的散播也沒有那麼地快速和廣泛，因爲貓沒有機會接觸街貓，也因爲今天的貓受到比較好的醫療照顧。室內貓固定會被結紮，沒有人要的小貓變成少數。

然而這些安全的改善是付出了代價的。室內貓仰賴主人提供食物和生活起居的環境，新問題油然而生。今天的貓受到嚴重的疾病折磨，而且常常生病時年紀還輕，這些疾病似乎不同於以往，並且和新的生活型態有關。過度肥胖、糖尿病、膀胱和腎臟問題、甲狀腺機能亢進以及過敏，這些只是其中一些常見的問題而已。此外，室內貓出現許多行爲問題，例如不當的貓砂使用習慣、對家中其他貓成員逞凶鬥狠，再再令貓主人不解且備感挫折。很不幸的是，這些狀況有可能變得很嚴重，一隻備受寵愛的家貓甚至可能會因此送命，或被安樂死。尤其令人感到難過的是，這些問題看起來像是新問題，但其實是衍生自貓新的室內生活型態，是人類對貓所造成的影響。事實上藉由瞭解這些不自然的影響以及如何改正，所有問題都可以被減少或預防。

貓科營養：貓如其食

有超過二十年的時間，認眞的貓主人不自覺地用對待小狗的方式在對待他們的貓。這是一個很容易犯的錯誤。繼狗之後貓受到青睞，進入人類家庭成爲腳邊寵物，概括承受養狗的家庭已經建立起的許多寵物照顧習慣。而讓問題雪上加霜的是，鼓勵並支持貓的新地位的獸醫和主要寵物食品製造公司，完全沒有認清肉食動物和雜食動物之間的區別。

最特別的是，在二十世紀後半專門爲狗製造出來的商業食品，似乎很容易就被調整成貓食。即使在好幾十年前，就有很好的研究證明，和狗比起來貓有非常特別的營養需求和限制，蓄勢待發要製造貓食的寵物食品公司，似乎並不明白這些差異是如何巨大。他們相信這些不同之處可以藉由一些小小的改變來修正，也就是在以狗乾飼料爲基礎的食品中，加入維他命／礦物質營養品，就可以給貓吃了。寵物營養學家忽略了貓在處理和使用熱能營養素（蛋白質、脂肪、碳水化合物）時，和雜食性的狗是多麼地不同。有幾年的時間，這些視而不見似乎是無害的。

一開始，大部分的狗食對貓而言並不好吃。聰明的發明者設計出寵物食品添加物，讓幾乎所有的貓都覺得好吃。就好像早餐麥片公司替產品裹上一層糖衣，讓小孩在超市看到早餐麥片就開心地大叫是一樣的道理。貓接受如此的權宜之計，而貓乾飼料的方便性以及短期適當性——其「證明」係來自有限的六個月餵養實驗——似乎讓主人和獸醫都感到滿意。每個人似乎都開心地接受這個新安排，也就是讓肉食性的貓，大口吃下原本爲雜食性的狗而設計的乾飼料。

慢慢地，但肯定地，問題開始接踵而來。獸醫注意到神祕且令人害怕的膀胱問題開始出現，尤其是已結紮公貓。科學家研究這個問題後，宣布這是因爲已結紮公貓尿道變窄而導致的結果。這些專家還將此問題歸咎於家貓不愛運動而且水喝太少。有些營養學家堅持，這個問題跟食品中的礦物質有關，以及病貓的尿液酸鹼值奇妙的改變。雖然這套理論有指出錯誤是來自食品而非貓本身，但卻沒有人覺得應該停止餵貓吃穀物。相反地，寵物食品公司設計製造出更多添加物，加入原本就已經不適合貓吃的乾飼料中，試圖解決這個膀胱問題。

很不幸的是，許多貓的膀胱問題並沒有因為這些食品中的添加物而獲得控制，而且有很多寵物不是死亡，就是得接受非常痛苦的造口手術以保住小命。在研究這個問題以及發展新產品的這段令人挫折的期間，並沒有出現任何現在看起來十分明顯的解決方式。

在觀察到第一批因為吃商業食品而導致膀胱問題的貓數年之後，獸醫開始注意到，有越來越多的貓病患出現過度肥胖的狀況，而且其中許多還演變成無法控制的糖尿病。問題被歸咎於貓不愛動。根據當時一個普遍的理論，家貓是不運動的，貓覺得室內生活很無趣，整天除了吃沒有其他事可做，貓越來越懶惰，當然就變得過度肥胖。再次地，這全是貓的錯。

為了救貓，寵物食品公司的營養專家再一次修改乾飼料配方。儘管他們原先設計的貓食就已經不適合肉食動物，反而比較適合雜食或草食動物；但他們修改配方的方式是拿掉貓飼料中的脂肪，增加纖維素（Cellulose，一種無法消化的、完全沒有營養價值的纖維），而且還堅持只能餵少量，給這些已經得不到足夠營養的貓。雖然這個做法表面上看起來是合邏輯的，但依然沒有成功降低過度肥胖和糖尿病的發生率。貓還是越來越胖，糖尿病的貓越來越多，而且貓的糖尿病比成年發病的狗和人的糖尿病還難以控制。

膀胱問題、過度肥胖和糖尿病，並不是唯一在擴散的慢性病。今天的獸醫還面對著越來越多的貓過敏症狀。皮膚紅疹以及因為過度搔癢而自殘、慢性耳炎、氣喘（Asthma），還有炎症性腸病的病例都越來越多。這些都是免疫系統失調轉而攻擊自身的徵兆。很不幸的是，被大量使用來壓下這些過敏現象的類固醇，也可能會造成疾病，而且是和過敏一樣嚴重的疾病。

再一次，寵物食品公司推出更新、更貴，以穀物為基礎的食品配方，針對這個問題而「特別設計」。然而問題依然存在，獲得改善的貓很少，這次被責怪的是貓「錯誤的」免疫系統。每次只要有新疾病出現，寵物食品公司就用這種同樣的方式回應。

　　儘管得到慢性病的貓數字大量增加，卻很少有人退後一步，提出一個很明顯的問題：「為什麼一隻原本健康的、適應良好的貓，現在卻出現這些健康狀況？有沒有可能我們的照顧方式在根本上是錯誤的？在食品中加入更多不自然的物質，試圖修補我們所造成的問題，是不是反而讓事態更加嚴重？是貓的錯還是我們的錯？」針對這些問題，答案是顯而易見的。因為想要讓貓的生命更加健康，我們反而在牠們的內部引擎中加入錯誤的燃料，造成災難性的結果。

　　舒適的居家生活新方式，或許為貓提供較佳的保護，避免因為外傷或傳染性疾病所造成的早逝，然而在此同時，飲食造成的致命疾病卻給貓的身體帶來病痛與折磨。更糟的是，這些病在主流醫學中都是以更不適合的「食品」解方來醫治，帶來更多的疾病和折磨。在貓身上，最終變成了殘酷的惡性循環。

　　貓自然的食物需求是高蛋白質、低碳水化合物、適量的動物性脂肪。今天的乾飼料有很高的加工碳水化合物、低脂肪，以及中等程度但品質很差的蛋白質，且大多來自於植物，例如麥麩和大豆。這種養分組合上下顛倒的食品所造成的傷害，絕對沒有被過度誇大。如此明顯的錯誤，幾乎製造出今日所見的所有重要貓病。（請見獸醫佐倫 [D. Zoran] 所寫的〈和肉食動物的貓有關的營養〉原文連結：www.catinfo.org/docs/DrZoran.pdf）

野生的上層掠食者所需要的食物，幾乎不含碳水化合物，通常重量占不到 2%。如此少量的碳水化合物來自於吃下獵物時一併攝取到的種子和草，以及少量肌糖（Muscle Glucose）。另一方面，貓乾飼料的碳水化合物含量介於 25 ～ 50% 之間，而且是來自穀物，例如玉米、米，或是含有澱粉的蔬菜，例如馬鈴薯。這些食材不僅碳水化合物含量很高，而且在製成乾飼料的過程中還被分解成糖分。吃乾飼料的貓，等於吃下裹著糖衣的早餐麥片。

乾飼料有害還有另一理由。貓是源自沙漠的掠食者，天性不愛喝水，生存所需的水分大部分來自吃下的食物。當我們拿澱粉乾飼料餵貓時，等於在促進產生一個沒有臨床症狀的脫水狀況，因為天性使然，貓不會特別去多喝水以補足食品中的低水分。脫水最起碼會造成膀胱和腎臟問題。而且可以確定的是，持續性的脫水會在貓身上形成不自然的壓力。更重要的是，那是**沒有必要**的壓力。

我們都知道，固定吃下垃圾食物對人類的健康有害。對身為絕對肉食動物的貓而言，結果更是巨大的災難。還好解決方式清楚而且容易。我們只需要單純地停止餵貓吃下不自然的食品即可，那是為了養肥牛隻，而不是為了滋養上層掠食者而設計的食品。許多罐頭食品雖然在某些方面也有缺點，但和乾飼料比起來，即使是所謂的高級品牌乾飼料，罐頭至少提供比較好的營養。另一個吸引許多今日貓主人的替代選項是生肉餐。生肉是貓的自然食物，是任何絕對肉食動物的「黃金準則」。在接下來的章節我們會討論如何選擇最好的罐頭貓食，以及如何安全地餵貓吃生肉。

藉由這些簡單而容易的做法，我們為貓健康所帶來的改變，簡直就是奇蹟。

壞貓？室內生活如何影響貓的行為

　　就算是家貓，在和其他貓互動時也依然保有野性，即使是得到良好照顧的大群家貓，也不能保證彼此可以和諧相處。我的貓病患飼主最常抱怨的是寵物之間的逞兇鬥狠。這種行為可能沒有事前徵兆，而且可能會發生在原本和平相處的貓之中。挑釁或兇狠的互動可能會發生在相同或不同性別之間，即使都已結紮。

　　互動忽然轉變的原因通常不明，但往往歸因於一些基本因素。最重要的單一因素是「地盤內」的貓數量。在家庭中，貓的活動地盤是在室內。如果考慮到貓的野生環境，我們很容易就可以瞭解，即使是五十到八十坪大的空間，都無法適當提供小群貓和平相處的範圍。當大群的貓被限制在有限的空間內，無法搬出去以擴大地盤時，可能會產生摩擦而出現兇狠的行為。根據我的經驗，一隻貓的生活空間只有十五到二十坪時，就有可能會造成地盤壓力，影響和諧的互動。

　　野外貓群中的公貓和母貓，並沒有長期近距離相處，所以強迫牠們在家中有限的空間相處可能會造成壓力。有時候領袖母貓會突然去兇其他比較年輕或是地位比較低的貓。雖然野外的母貓群相處的距離比較近，但多半是因為要生養小貓。現在家中結紮的母貓不再有這種需求時，不可預測的挑釁行為就有可能出現。在家庭中，已結紮公貓通常是最可以和大家和平相處的。然而如果生活空間太小，必須與多貓共處，或是環境太混亂了，已結紮公貓也有可能會出現異常的兇狠行為。

　　所有的貓，不管是住在野外或室內，都會因為生活方式的巨大轉變而產生壓力。原本相處融洽的貓，可能會因為搬家、家中進行長時間的整

修、有新的動物或人類成員出現，或類似的變動，而引發相當程度的不和諧。在野外生活的貓群會盡一切努力維持群體的和諧，干擾因素會被迅速移除，並在最短的時間內重新建立族群的規律。但是在人類家庭中，經歷混亂狀況的室內貓並沒有如此控制環境的能力。當貓習慣的生活方式持續受到實際的干擾時，原本和平相處的貓可能會開始出現不和平的互動，原先建立的良好如廁習慣也隨之瓦解。

常有貓飼主要求我解釋以及處理亂大小便的問題。有時候我們發現問題是來自身體狀況，也就是得到腎臟、膀胱或是腸胃道方面的疾病。但很常見的狀況是家中貓口太多，居住環境不穩定，讓貓很焦慮，生活習慣改變所帶來的未知讓貓感到威脅。處於如此狀況中的貓壓力很大因而「爆發」，出現想要支配其他貓的行為，即使原本地位是相等的，也有可能出現想要控制家中地盤的行為。

壓力爆發通常是以小便或大便畫地盤的行為出現，因為貓想要重新獲得某種程度的控制權以及安全感。主人可能會覺得這種行為很討厭，當然就某方面來說，這是一種強勢而且要心機的行為。然而真正的起因並非出於貓的惡意；在環境似乎持續地令貓感覺受到威脅時，牠們只是對無助的狀況做出本能反應而已。在令貓害怕的環境中，貓只是做出其祖先學到的事，也就是重申支配權以及標示一些屬於自己的空間。

在我們瞭解出現這些不良行為背後的原因之後，我們就會知道改善的做法是去修復貓的安全感和生活穩定感。處罰不會有幫助，只會讓貓覺得更加沒有安全感。抗憂鬱藥物如百憂解（Prozac）或是布斯帕（Buspar）可能有幫助，但也只是治標不治本。大部分的主人都不希望寵物長期服用這些藥物，而且這種想法是正確的。

積極起來！

　　解決這些問題的最佳方式是預防問題的出現。當你打算成為一名養貓人時，實際認清你能帶回家的貓數量。即使是一起長大的貓，或是父母貓和小孩貓之間，也有可能因為處於擁擠有壓力的環境中而討厭彼此。一個小公寓無法舒服地容納兩隻或三隻以上的貓。就算空間很大，也要限制貓的數量；我曾看過十二隻貓居住在如此的空間中。貓這麼多，當然糾紛在所難免。如果你的貓已經過多，也許可以考慮減少貓口，或至少把乖貓和兇貓隔開。多數的我們都有認識一些愛貓人，願意給壓力大、需要更多空間和注意力的貓一個新家。並不是說你要把目前的貓全部送去收容所或是動物救援團體，我只是覺得如果無法做到在家中隔離飼養，那麼幫一隻不快樂的貓找一個新家，或許是一個可以考慮的選項。

　　除了控制貓的數量，主人還必須瞭解，如果貓生活的環境突然出現持續的變化會有什麼影響。不管原因何在，壓力是會持續增加的。一隻因為居住環境和同伴而不開心的貓，和感受到生存環境改變但有空間可以逃避的貓比較起來，前者對環境改變的容忍度低很多。當改變無法避免時，縮短因改變而引起的干擾期間是很重要的。如果巨大的改變是永久的，那麼會有一段調整期，讓貓學著去接受並習慣新秩序。主人可以預料到調整期的存在，進而安撫貓咪，修復環境，回到原本安全舒服的狀態。如果兇狠和畫地盤的行為演變成問題，是有方法可以減輕進而解決這些問題的。在接下來的章節中，我們會在探索貓咪的照顧時討論這些問題。

　　簡而言之，為了讓我們的貓幸福快樂地過著二十年或甚至更久的生活，我們絕對不要忘記跟我們生活在一起的，是一隻有野性的動物。和其

他已被馴服但內心依然狂野的動物一樣，貓的健康和福祉有特別的需要。我們知道有哪些需要、進而提供這些需要，會是很容易的。繼續讀下去你就會發現有多麼容易。

3

商業寵物食品的真正問題

過去十年，很多著作寫出了商業食品的壞處（例如安・瑪汀［Ann Martin］）寫的《造成寵物死亡的食物：寵物食品的驚人事實》［ *Food Pets Die For: Shocking Facts About Pet Food* ］，以及理查・皮肯［Richard Pitcairn］所寫的《皮肯醫生的狗貓自然健康完整新守則》［ *Dr. Pitcairn's New Complete Guide to Natural Health for Dogs and Cats* ］）。這些書描述了許多食品添加物、污染物還有難以入口的食材，被加入我們毛小孩的食品中。那些食品被放在商店的架上販賣，標榜提供「完整且均衡的優質營養」。毫無疑問，有些不應該的甚至是有毒的成分，的確被放進寵物食品中。然而公平起見，根據我過去身為一家主要寵物食品公司高階人員的經驗，我要說並不是所有寵物食品都含有這些有害的食材。

有些商業貓狗食品真的含有品質相當不錯的食材。但是讓我們面對一個事實：一個飼主會傻到去相信貓罐頭中的鮪魚，和人類食用的鮪魚罐頭中的鮪魚，具有相同的分量和品質嗎？為人類製造的食品通常比貓食貴上好多倍。很顯然人食鮪魚和貓食鮪魚，在品質和鮪魚的分量上有很大的不同，當然價格也是，這是常識。

人食用的鮪魚是全鮪魚，通常來自魚排部位，而且是在「美國農業部」（United States Department of Agriculture，簡稱 USDA）的監督下被製造，以確保適合人類食用。然而另一方面，寵物食品中的鮪魚可能含有魚頭、魚尾、以及其他人類不會食用的部位，而且通常還含有相當分量的非鮪魚食材。如果不這麼做，貓食（狗食也是）的價錢會比現在貴上許多。很多主人願意在寵物食品上付出更多金錢，但也有很多人沒有能力這麼做。而且毫無疑問，行銷昂貴的寵物食品時，寵物食品製造公司也會遇到很多困難。

寵物和人類食品之間的差異，並不表示所有貓食對你的貓一定是不好的。然而事實上，寵物食品標籤充滿誤導的訊息，造成主人要明智地選擇食物時遇到困難。有時候食品中的食材甚至沒有被列在標籤上。兩家不同公司所製造出來的類似產品，食材的品質和分量可能會非常不一樣。不同的公司在設計固定的食材配方時，所做的品質控管和付出的心力，也和食材一樣有很大的不同。這是一個既定的事實，即使大部分寵物食品包裝上都宣稱「符合或超出『美國飼料管理協會』（American Association of Feed Control Official，簡稱 AAFCO）的要求」。

貓並不是小型狗

當我們把焦點放在商業貓食時，事情變得更加複雜。商業食品中肉和蔬菜的不同**組合**，其實和食材品質以及身體健康一樣重要。很多讀者會感到意外，但此一說法絕對不假。在接下來的章節我會詳細討論食物中三大熱能營養素（碳水化合物、脂肪和蛋白質）的比例，以及無法消化的纖維分量，不但會對貓的長期健康造成影響，也會影響到不同食材的純粹度。這些長期影響開始於幼貓期吃的食品。

吃下高碳水化合物、大量無養分纖維、低蛋白質的不均衡組合的食品，和吃下劣等食材的食品一樣危險。這是因為身為絕對肉食動物，貓對食物有非常明確的需求，如同我們在第一章所討論。但即使是在科學昌明的今天，如此危險的、不均衡組合的貓食卻比比皆是。這些貓食的養分組合，不但和科學上所記錄的貓需要完全相反，而且衍生出我們獸醫今日看到的許多貓疾病。

寵物食品是一個沒有受到規範的行業

不管是美國還是世界其他地方的寵物食品業，都是一個沒有受到第三方控管監督的行業。即使「美國食品藥物管理局」（Food and Drug Administration，簡稱 FDA）對寵物食品的標籤和訴求握有法律權限，但他們並沒有將此權限做有意義的運用。造成如此不幸的狀況有三個重要的原因：

1. 「美國食品藥物管理局」（FDA）同時也要確保大量的美國藥廠有受到監督，以維護人類處方和開架式藥品的安全。當聯邦預算緊縮時（幾乎總是如此），他們只有少數的資源可以用來嚴格監督寵物食品的安全。

2. 另一個政府規範的單位是「美國飼料管理協會」（AAFCO），一個由五十個州共同合作的組織，建立以及執行動物飼料的管理規範。AAFCO 的主要責任，是確保人類食用的動物牲畜牠們所吃下去的飼料是安全的。和 FDA 一樣，AAFCO 的有限資源，主要是運用在有關人類健康安全的控管上，而不是運用在關切寵物健康上。寵物食品公司在包裝上使用 AAFCO 背書式的措詞之前，AAFCO 並沒有要求他們必須先進行有意義的食品檢驗。

3. 「美國寵物食品機構」（The Pet Food Institute，簡稱 PFI）是一個位在華盛頓特區的利益團體，站在政府的角度關切寵物食品製造業的利益。這個機構有充裕的基金可以運用，而且在寵物食品相關規範的活動上，永遠有高於 FDA 和 AAFCO 的預算。當聯邦和州政府有更強的法規出現，以管理監督寵物食品公司時，PFI 會確保這些法規不會通過。

寵物食品業很賺錢

現代的寵物主人花了大量金錢購買貓狗食品。製造這些食品的價格很低，因爲和人類食材比起來，寵物食品的食材並不貴。再者，用來檢驗寵物食品的營養穩定度和安全的**真正**科學實驗很少，而且幾乎**沒有**長期食用

是否恰當的實驗（最貴的實驗）。為了提出可以長期食用的訴求，寵物食品公司製造出來的產品，只要能符合基本營養素最低需求即可，甚至可以不需要做任何實驗；或者只是進行小型的六個月急性毒性測試，就可以獲得政府的品質合格認證。這些測試基本上都是寵物食品公司自行進行，政府也沒有嚴格的監督測試結果。這些極度鬆散的實驗需求，有利於寵物食品公司維持高獲利。

生意人要賺錢我沒有意見。沒有獲利動機，就不會有公司願意製造產品。但是當高利潤的背後是沒有認真地研發以及製造產品，以確保其安全以及符合標籤的訴求時，如此的暴利令人無法忍受。

在一般商店和寵物店可以買到的商業食品，都宣稱其營養「完整而均衡」，可以當作寵物終生唯一的食品。這些訴求不可能是真的，除非這個食品有在夠多的動物身上進行合乎科學的實驗，並且得到令人信服的數據。為了取信於人，這些研究必須證明，和其他適合物種的食物比較起來，這個食品不會造成急性或慢性營養方面的疾病。事實上，這些產品沒有進行過任何長期的、合乎科學的實驗。

當我在寫這本書的時候（本書出版於二○○七年），有至少兩家寵物食品公司，在過去一年做出大規模的食品回收。其中一件回收是因為食品中有致命含量的黃麴毒素（Aflatoxin，一種來自真菌 [Fungus] 的毒素）。在問題被發現之前，許多貓狗開始生病甚至死亡，食品公司只得召回受到影響的產品。另一件回收則是一家公司製造的數種「處方」食品。這些食品中的維他命 D 含量很高，造成許多寵物的鈣指數升高。

當問題被發現後，食品立刻被召回。在第二個處方食品回收的事件中，該公司的發言人說基於寵物健康受到影響，「我們開始對罐頭產品進

行完整的營養分析」。言下之意這家公司是在問題被發現**之後**，才被迫進行嚴格的營養分析，而不是在推出食品讓我們的寵物吃下之前。寵物食品標籤上宣稱可以當作貓狗終生唯一的產品，但事實卻是在出事後才進行營養分析。

　　沒有經過檢驗的食品所發生的這兩起回收，並不是單一事件。諸如此類的回收三不五時就會出現一次，但所造成的寵物生病或死亡，都沒有嚴重到會引起全國或國際譁然的地步。這兩個例子完全點出自我管理的寵物食品公司，針對寵物食品的安全和功效所進行的測試，是如何地不適當。

　　如果可以適當證明寵物食品即使短期食用是安全的實驗都沒有被進行，那想像那些宣稱可以終生安全食用的產品，提出的訴求其實是多麼不正當了，因為長期實驗要比短期實驗昂貴許多。再者，長期實驗會耽誤產品行銷、提高成本，寵物食品公司不願意做這種科學投資，而且 FDA 和 AAFCO 在通過那些各種的訴求之前，也沒有要求進行長期實驗。**事實上，唯一的長期實驗是飼主自己所進行的，也就是當他們拿這些食品來餵自己的寵物時。**

你的貓是「實驗動物」

　　如果一個食品的行銷措詞是「提供寵物終生完整而且均衡的營養」，標籤還印有符合 AAFCO 要求的字樣，以提供營養完整的保證，購買者沒有理由去懷疑這個食品的安全。然而如此的保證卻是缺乏可靠的基礎，因為寵物食品公司的強烈獲利動機，食品被迅速上市；再者，沒有政府法規可以控制如此倉促的行銷上市，飼主本身等於提供實驗所需的動物，以進

行產品訴求是否恰當的實驗。很難想像有比這更不公平、更不安全的狀況了。不過讓寵物食品購買者用自己的寵物進行實驗，其實只是問題的一半而已。

不僅飼主沒有發覺到寵物食品訴求其實沒有受到檢驗，獸醫也沒有發覺。獸醫知道他們使用在病患身上的藥物，都有經過嚴格的安全測試。寵物食品公司跟獸醫保證，符合 AAFCO 要求的產品都有經過類似的測試，以證明所提訴求。自然地，獸醫認為經過政府認證的產品，也可以獲得他們的信任與背書，所以大部分的獸醫會向飼主推薦商業寵物食品。如果他們知道所推薦的產品，進行的是如何沒有意義的測試，我想願意推薦的獸醫會很少。二〇〇六年的黃麴毒素污染寵物乾飼料回收事件，以及二〇〇七年貓罐頭受到污染造成腎臟中毒的大量回收事件，都是最佳的例子。在這兩個事件中，所有受到污染的產品，標籤上都有標示符合 AAFCO 的安全要求，雖然產品一點也不安全。

在不知情的狀況之下，獸醫被分配到專業評量者的角色，觀察長期餵寵物食品會帶來什麼結果，實驗對象是他們的貓狗病患。如果獸醫並不明白他們是在不知情的狀況下，擔當寵物食品研究員的角色，他們怎麼可能知道要去注意這些未被測試的食品所造成的負面影響？如果獸醫相信他們所推薦的產品有經過真正的安全測試，那麼當貓病患開始大規模地出現慢性退化問題時，例如過度肥胖、糖尿病、膀胱問題、炎症性腸病、腎臟問題以及許多其他問題時，獸醫怎麼會警戒或甚至懷疑其實問題是來自於自己所推薦的產品呢？

這就是我們現在所處的環境。要經過長期或短期的實驗，才能出現在寵物食品包裝標籤上的訴求，其實並沒有在製造商的實驗室中進行。相反

地，這些實驗是在一般寵物中進行，好幾百萬隻的家庭寵物成為實驗對象。這麼多的實驗動物足以滿足任何統計學家，但是在這個巨大的實驗中，負責監督結果的獸醫卻不知道在這個實驗中該去注意些什麼。事實上這些專業的醫學從業人員，根本沒有理由去相信他們得去注意些什麼。

缺乏餵養實驗不僅發生在「一般」貓食上，被普遍用來管理疾病的所謂處方食品也是如此。雖然處方食品常常宣稱有在獸醫學校進行科學研究，證明其功效，但這些訴求其實是誤導的。沒有利益衝突的第三方，對這些食品所做的研究非常有限。多數的研究實驗不僅參與實驗的病貓數字很少，以科學標準而言，這些研究本身設計狹隘，而且是許多不同的寵物食品製造商所贊助。這種研究的目的通常是為了證明製造商提出的訴求。

因為這些研究是以得到特定結果為導向而設計，而且是由利益相關的一方所贊助，在設計以及執行時都是很不客觀的。再者，如果一個研究無法提供正面的結果，以作為有利的行銷工具，寵物食品公司是不會公布研究結果的。當負面的研究結果出現時，獸醫是不會看到的。很不幸的是，如果沒有寵物食品公司來贊助研究，獸醫沒有足夠的資源去對這些管理疾病的食品進行真正的、客觀的、徹底的評量。

在本書接下來的內容，我們會一再看到終生餵寵物食品是如何不安全。我們會看到這些食品造成許多威脅生命的疾病，而獸醫和主人對食品和疾病之間的關聯卻渾然不覺。我們還會看到處方食品，也就是試圖解決食物造成的問題的食品，是如何忽略問題的真正原因，同時反而製造出更多問題。

想一想

要推出一種新藥上市，提出安全有效的合法訴求，製藥公司往往要花上好幾億美金以及十年以上的時間來測試這個藥物。在公開上市之前，所有用藥安全的訴求要被證實、副作用要被提出。但是就寵物食品而言，這種嚴格的安全測試是完全不存在的。老實說要求寵物食品公司要和製藥公司一樣，投入一樣多的金錢和時間，去測試食品安全是不公平的。然而食品安全的大膽且有力的字眼，被允許出現在寵物食品包裝標籤上，但食品卻沒有經過安全測試，這也是一個事實。飼主和獸醫都被誤導，相信食品包裝標籤所提的健康訴求，其實是有經過科學實驗的。這個錯誤的信仰，造成幾乎每個獸醫都願意為寵物食品背書。

【第 二 部】

在二十一世紀重新出發：
小貓的故事

4

家中的新成員貓

帶新來的小貓回家的興奮之情難以形容。小貓無敵可愛、惹人疼又愛玩。不管你新來的幼貓是品種貓、來自收容所、或是朋友家中的貓不小心生下的小貓，你都會想幫家中的新成員提供最好的開始。理想的做法是在有充裕的時間待在家中時，帶小貓回家。如果家中成員都有充分的時間和小貓相處，小貓和新家的情感連結可以很快被建立起來。

選好新寵物之後，你第一個要去的地方是獸醫院。如果可以，在帶新來的小貓回家之前就和獸醫約好時間，告知你要帶小貓去做檢查和諮詢。你會希望在到家之前，小貓就已經獲得所有的疾病預防和健康照顧。初步健康檢查時，你的小貓可能需要打預防針。如果能夠向前任主人取得小貓的病歷，或許可以知道小貓打過什麼預防針以及驅蟲狀況。有了這些資料

以後，你的獸醫可以針對任何接下來需要的疾病預防措施及施行時間給予建議。在今天，貓咪只會接受經過仔細的疾病暴露風險評估後所需要的疫苗，並不是每一隻貓每年都要注射所有疫苗。面對不同的環境以及小貓的生活型態，有各種不同的預防針施打計畫以及時程表。本書第 10 章有仔細討論，在衡量預防針的選擇時，需要列為主要考量的風險因素。

　　第一次帶貓給獸醫看時，記得詢問跟新成員毛小孩有關的所有問題。如果你還沒有找到可信任的獸醫，以建立穩固的醫病關係，而且可以回答你提出的所有問題，建議你在帶小貓回家前，先找到可以信任的人選。因為接下來有超過二十年的時間，你和獸醫之間的關係，是把貓咪照顧好的最重要工具之一。

　　前面提到在和新來的小貓開始建立關係時，就要讓貓接受仔細完整的健檢，在此要提醒讀者，有些獸醫並沒有具備最新的貓知識。除了為新貓進行理想健檢的專業技能外，許多獸醫治療狗的經驗遠多於貓。這是因為到目前為止，狗依然是最常見的獸醫病患。如果你還沒有固定合作的獸醫，試著去找一個喜歡貓也常治療貓的獸醫。可以請也有養貓的朋友推薦，或是尋找居住區域內的貓專科醫師。現在全美有越來越多只治療貓的獸醫。

　　為了和獸醫建立最好的合作關係，貓主人本身也該具備照顧貓的基本觀念，包括貓特有的疾病、貓營養學、預防針、社會化訓練等，諸如此類。一個好獸醫會仔細且有耐心地回答你所有的問題。也有很多有用的貓書可參考，包括這一本，提供你所需要的資訊。你甚至可能學到你的獸醫所不知道的事，因為沒有人是無所不知的。別猶豫，大膽的去和獸醫討論如何照顧貓，有時候學習是雙方面的。

小貓房

　　第一步，新小貓需要一個可以做為「安全地盤」的空間。我建議小貓一帶回家時，就讓貓知道貓砂盆的位置。可以放在家中溫暖的角落或房間，而且砂盆要夠大。貓需要知道牠們的生活空間是安全且沒有危險的，而且牠們會花很多時間，仔細檢查家中所有角落，確定沒有令牠們害怕的東西存在。不要打斷貓咪檢查環境的過程。一旦檢查完成，貓會把注意力轉向其他重要活動，例如吃飯、玩耍和使用貓砂。

　　大部分的幼貓在五到六週大時，就有良好使用貓砂的習慣。這種訓練是一個自然的過程，出於貓的本能，即使母貓不在身邊，訓練依然可以進行。我觀察過許多沒有媽媽的貓小孩，就算沒有母貓教導也會用貓砂，當然前提是要給貓一個砂盆。貓會去用砂盆是因為天性愛乾淨，不想弄髒生活空間。有很多不同的貓砂可以選擇，而且使用安全。確定貓能夠進出砂盆，而且砂盆隨時保持乾淨。（見第 11 章）

　　雖然這種情況不常發生，但有時候貓會不去使用你準備的乾淨砂盆。如果有這種情況出現，也許是因為貓生病，尤其是軟便情況同時出現，這時要帶貓去給獸醫檢查。此外，貓砂盆要放在安靜、人貓不常走動的地方。如果放在一個人貓常常走動的區域，小貓可能會因為害怕而不敢使用。當貓在使用砂盆時，對砂盆附近任何突如其來的舉動都很敏感脆弱。如果砂盆附近很吵雜，貓會不想去用貓砂。

　　小貓可以和家中成員一起睡覺。如果你把家中一個安全的空間，設定為貓活動的區域，在那準備一張溫暖的貓床，堅持小貓要去那裡睡覺，也是可以的。不管是睡人床或貓床，在帶貓回家前要先確定貓沒有跳蚤和其

他皮膚寄生蟲（恙蟲［Mite］、壁蝨［Tick］等等）。當你第一次帶貓去健檢時，你的獸醫會告訴你如何治療這些寄生蟲。本書第 7 章有寄生蟲控制的深入討論。

馴服膽小貓或兇貓

新來的小貓個性可能膽小害羞，尤其是當牠們在被收養之前，沒有接受過溫和關愛的對待。身為一名育種者，我很少允許我的小貓在十四到十六週大之前，便離開我的家。小貓要在安全的環境中待上這麼久，和人類以及其他貓有很多相處和建立信心的互動機會，才能培養出自信活潑的個性，受到新家的疼愛。如果小貓是在六到八週大時，從缺乏提供社會化訓練的收容所或家庭收養，小貓肯定是膽小的，或甚至更糟個性很兇。這樣子的個性其實只是為了保護自己，因為牠們天生不信任人類以及人類家中吵雜的環境。人類要付出很多細心溫和的對待，以取得小貓的信任。因為對人類的不信任，野外的小貓才得以生存。

如果你收養的小貓個性不外向，而是膽小有防備心，你需要花幾個星期的時間和小貓建立關係。只要有足夠的時間和耐心，良好的關係就**可以**建立起來，而你所得到的收穫是一隻溫和、有自信、友善的貓。記得要慢慢來，不要急。要讓膽小貓相信這個世界是溫暖安全的，一點也不危險。小貓態度的轉變並不會發生在一夕之間。

一開始把膽小貓或兇貓關在一個沒有家具的小空間，是一個不錯的做法。這麼做可以讓小貓沒有機會躲在沙發或床下，比較能提供正向的互動，讓貓明白新環境是安全的。一個小空間的臨時貓房，例如浴室或洗衣

房，可以當做小貓到新家前幾週的安全空間。記得放入貓砂盆，以及陶瓷、金屬或玻璃容器裝食物和水，還有一張舒服的貓床。一開始的幾分鐘，小貓會檢查新地盤的所有角落，以確定沒有看不到的危險存在。不要去打斷或干擾小貓的探索過程，因為這是所有的貓在面對新環境時的典型行為。一旦小貓知道環境是安全的，便會開始安定下來，這時主人可以安靜坐下來陪貓，允許小貓以自己的步調接近主人。

提供食物或玩具以取得小貓信任，是一個很好的做法。抱小貓時如果小貓會掙扎或哈氣，那就不要勉強。除非小貓之前已經習慣被抱，知道這個動作是安全的，不然當小貓被抱起來時，會害怕掉下去或是被人類不當對待。也許最好的做法是讓貓自己來慢慢接近你。不要做出具威脅性的突然舉動。在安靜陪伴小貓一段時間後，你會注意到小貓開始放鬆。這種有人在場、沒有強迫接觸的社會化訓練，對任何小貓都很有用，因為小貓具備適應人類存在的能力。

用手拿特別好吃的食物去餵貓，例如嬰兒肉泥或罐頭，可以快速打破信任屏障。對待膽小貓的成功關鍵是不能急，要製造和新小貓愉快相處的時間。如果小貓很害怕，不願意接近主人，也許主人可以做出一些關愛的行為，例如輕輕地撫摸一隻因為害怕而縮在角落的小貓，只要動作不要太大或是太粗魯，通常小貓會慢慢放鬆進而打開心房。花多少時間都無所謂，幾個小時便去和小貓互動一下，次數越多越好，時間久了小貓總有卸下心防的一天。

如果進貓房和小貓互動時貓無法放鬆，也不要過於堅持。有時候特定的家庭成員反而比較能夠讓貓冷靜放鬆。在這段社會化訓練的期間，有些小貓喜歡有小孩或青少年作伴，有些則是比較接受大人。讓家中不同的成

員去做實驗，找出最討小貓歡心的人。這個人可以成功地提高小貓的信任度，以及對新家的安全感。

隨著時間過去，你可以看到小貓在新地盤越來越有自信。當家人去臨時貓房和小貓玩時，小貓會很開心。當這個情況開始出現，就可以擴大小貓的活動範圍，允許小貓去家中其他區域自由活動。把貓砂盆和床也放在這些其他區域。在小貓放風探索新環境一些時間後，再把貓帶回臨時貓房。很快地貓可以自在地在全家走動。當牠們在臨時貓房以外的地方探險時，會開始出現外向有自信的行為。

絕不要去追貓，也不要體罰貓，因為會破壞進度。如果貓出現不應該有的行為，把貓帶回臨時貓房。要防止不應該有的行為的做法，是不要讓這種行為有出現的機會。例如當小貓離開臨時貓房時，出現亂大小便的行為，要確定屋內各處有很多貓砂盆可以用。另一個做法是，當貓出來放風時家人要在一旁監督；這樣當貓開始出現尋找大小便地點的行為時，可以立刻把貓帶回去臨時貓房。幼貓和成貓一輩子都會記得體罰的經驗。如果一隻貓以前曾經被虐待，有可能終其一生都無法克服膽小或兇狠的個性。處罰或是任何報復的行為（例如對小貓大吼）都會嚇到貓，在訓練一隻小貓的社會化時，這是完全沒有建設性的做法。

領養一隻貓，不管是幼貓還是成貓，是一個會延續幾十年的承諾。如果你用愛、照顧和關心貓的需要，來履行承諾，你會經歷一段心靈獲得巨大滿足的關係，那是只有動物才能帶給你的滿足。

5

要餵小貓吃什麼？

令人眼花撩亂的選擇

現代的寵物店食品區，擺滿各式各樣不同口味和形狀的貓食，有罐頭、半濕乾飼料（含水量介於 60 ～ 65% 的乾飼料）、脫水粉末和乾飼料。貓主人要如何爲幼貓或成貓做出最好的選擇？看著架上琳瑯滿目的貓食，這似乎是一個不可能的任務。不過當我們在選擇時，如果有記住貓的基本天性，那麼最好的選擇是顯而易見的。

貓是絕對肉食動物，這表示貓一定要吃肉才能生存。找出最好的貓食表示你要找出肉最多的貓食。

我們可以立刻把所有乾飼料移出考慮清單，也許讀者會感到很意外。

其實貓乾飼料，即使是高價位的高級品牌，都含有很多的澱粉和過度加工養分，等同貓的垃圾食品。

　　沒錯，幼貓和人類小孩一樣，可以吃一些垃圾食品。但理想的做法是，我們要預防寵物對不健康的食品上癮，這跟對待孩童是一樣的道理。餵貓吃充滿碳水化合物的垃圾食品，會讓貓得到嚴重的疾病。當貓還小的時候就習慣營養的食物，那麼終其一生貓都會偏好如此的食物，過著健康長壽的生活。

　　另一個不要餵貓乾飼料的理由是，這種食品水分含量極低。當我們餵貓吃這種水分含量很少或甚至沒有水分的食品時，會造成貓進入脫水狀態。即使吃乾飼料的貓比吃罐頭的貓喝更多水，吃乾飼料的貓要很努力才能維持正常的水平衡。長期脫水會造成健康出狀況，我們會在後面的章節討論膀胱問題和腎臟病。

如果不餵乾飼料，那要餵什麼？

　　半濕乾飼料已經出現一段時間。在三種不同狀態的貓食中，半濕乾飼料是最人工也最不營養的。因為早期這種食品的配方容易造成貓嚴重貧血，大部分的獸醫，包括我在內，並不建議這種食品。半濕乾飼料嗜口性高是因為加了很多糖和調味料。嗜口性和養分不能混為一談。半濕乾飼料很貴，但養分卻很空洞，不管是年齡多大的貓，半濕乾飼料都是一個很糟的選項。那麼當我們在選擇食物時，現在只剩下兩個好選擇，一個是各式各樣的罐頭，另一個是自製貓食。我們來討論一下這兩個選擇。

　　幸運的是，有很多貓罐頭是營養的。選擇正確罐頭的關鍵，在於知道

如何閱讀罐頭標籤（見附錄1）。我們要有很多的肉在貓的食物中，很少或甚至沒有穀物、水果和蔬菜。穀物、水果和蔬菜是不貴的食材加量添加物，而且主人覺得聽起來很健康。有些製造商甚至加入蔓越莓，強調蔓越莓對貓的泌尿道有諸多好處。真是荒謬到了極點。事實上，蔓越莓中的糖分會提高貓尿的酸鹼值，反而會導致膀胱問題。貓並不需要吃水果或蔬菜；野外的貓吃的植物量極少或甚至零，在家貓食物中加入植物食材對貓並沒有好處。

理想的健康貓罐頭要含有肉、肉高湯、肉類副產品，以及維他命和礦物質營養品以達到營養均衡。不必要也不適當，但卻常被少量加入貓罐頭的食材有：小麥麩、玉米麩或大豆粉，它們是用來提高食物中的蛋白質含量。品質好的罐頭蛋白質含量高，而且是來自肉，不同於乾飼料或半濕乾飼料，這是很重要的一點。

關於寵物食品中肉類副產品的諸多缺點，已經有廣泛討論。然而身為主人的你必須知道，不是所有的副產品作為食物的價值都相同。例如，牛脾臟和肺臟組織被視為副產品，但可以是絕對肉食動物的理想養分來源。比較不理想的副產品包括不適合人類食用的肉品部位。然而令人感到驚訝的是，即使是品質不好的肉類副產品，對貓而言都比穀物好，因為住在野外的貓捕捉到獵物時，都會不可避免地吃下很多這類的動物副產品。野外的貓不會把玉米、穀物，蔬菜或水果當作食物的一部分。

確定你買的罐頭有品質良好的肉類食材，越好的品牌價格越高是可以預期的，但如果很貴又含有水果、蔬菜或穀物，則避開不要買。這種食材無法提供貓必要的養分。加入這種食材的目的是要增加食物分量、節省製造成本、讓主人感覺食材很健康而購買。

你應該為你的貓「自製貓食」嗎？

有別於一般的認知，人類桌上的食物對幼貓和成貓都不是禁忌。只要我們選擇的食物沒有含量高的碳水化合物，在主食之外偶爾餵貓這些餐桌食物，也可以是營養的。有些專家擔心吃餐桌食物的貓會營養不均衡。如果貓的食物全部來自主人的餐桌，你必須對如何提供營養均衡的食物有相當的瞭解，才能避免營養不均衡。如果主人只是偶爾餵貓吃餐桌上的肉，那倒不用擔心營養不均衡的問題。

我自己餵我的貓吃絞碎的肉和骨頭，並且補充維他命 / 礦物質 / 必需脂肪酸綜合營養品，貓一斷奶後就開始餵。我有一些貓病患的飼主也是這麼做，而且我們得到的結果都很好（附錄2有自製貓食更多的資料）。雖然有許多貓主人不想餵自製貓食，但想要餵自製貓食的主人，要仔細確認自製食物有提供貓需要的所有營養素。自製貓食可以很成功，也可以很容易。

6

室內或戶外？
你的貓該住在哪裡？

貓不是天生的戶外動物嗎？

過去二十年，貓已經成為美國最受歡迎的家庭寵物。越來越多的貓被養在室內，或至少部分時間是待在室內，很多貓甚至是終生住在室內。儘管趨勢如此，有些愛貓人還是會懷疑完全的室內生活對貓是不是最好的選擇。貓成長於戶外，而且在良好的環境中，可以把自己打理得很好。斷奶後，即使是年輕的貓，在野外都可以很成功找到食物以及其他貓同伴。生活在同一棲息地的貓，會聚集起來一起對抗致命的危險，至少大部分的貓成員有能力這麼做。

把貓養在室內的人，都曾經見過貓咪對紗門或窗外世界的嚮往。看到

以及聽到鳥類、松鼠、昆蟲等聲音時，貓都覺得無比有趣甚至入迷。事實上，把戶外世界帶入室內的貓影片普遍都可以買到，而且銷路不錯。貓天生嚮往戶外，渴望待在戶外，時間越長越好。毫無疑問地，野生的小貓甚至在最年幼時就開始嚮往戶外的大自然生活。這也就是為什麼當幾乎所有專家都建議不要讓貓外出時，主人心中會感到糾結。

現在的我們，處在一個當大型利益團體一致同意任何事時，大家都會覺得事有蹊蹺的時代，但有件事卻是幾乎所有主流動物福利團體一致同意的，那就是室內貓不應該自由地去戶外走動。「美國人道社會組織」（Humane Society of the US）、「動物人道協會」（Animal Humane Association）、「美國獸醫協會」（American Veterinary Medical Association）以及「美國貓科獸醫組織」（American Association of Feline Practitioners）都強烈建議貓應該要待在室內才安全。這種生活型態的優點不但顯而易見而且令人信服。

「不自然」的生活型態怎麼可能會是最好的？

到目前為止，我所提出的照顧貓的論點，都在強調我們必須瞭解貓咪天生的野性，盡可能滿足貓的自然需求。很不幸的是，今日人類選擇的居住環境，對所有戶外貓來說幾乎都是非常危險的。過去汽車比較少的時代，許多人居住的地方離鄰居或是市區都很遠，貓可以相當安全地在戶外走動。會攻擊貓的掠食者，例如遊蕩的狗群或是土狼（Coyote）之類的野生動物，所帶來的危險遠遠少於今日所見。即使傳染性疾病的風險也比較少，例如貓白血病病毒（Feline Leukemia Virus）以及貓免疫不全病毒

（Feline Immunodeficiency Virus，俗稱貓愛滋），因為自由走動的貓群聚出現的數量比較少，當然貓接觸彼此的機會也較低。

今日的我們大多居住在擁擠、人口密度高的區域；相對而言，狗、野生動物、貓疾病的致病原以及快速移動的汽車密度也提高了。即使是最狡猾的、爪子最尖的、速度奇快無比的貓，也不是這種「天敵」的對手。在我所居住的約巴林達（Yorba Linda）這一帶，居住著大量的土狼，偶爾會有一群土狼跑到鎮上的街道玩耍，因為這個南加州的城鎮，剛好位於土狼原始棲息地的正中央。這並不是土狼的錯，畢竟是人類占據了土狼幾千年來的狩獵區，但也因為如此，造成住在此區域內的戶外貓時時面臨死亡的威脅。

就算野生掠食動物不是戶外貓所面對的問題，在美國所有的住宅區和都會區，交通意外造成的死亡也是一個大問題。雖然貓很聰明，但即使是在住宅區，貓也無法安全地在外進行巡視，遑論交通繁忙的市區道路了。當你發現心愛的貓陳屍路邊，變成體型根本無法與之相比的巨大機器輪下亡魂時，我相信沒有比這更令人心碎的事了。

貓之間的傳染病，或是別的物種傳染給貓的病（最常見的是狂犬病〔Rabies〕，但並非僅限於此病），躲在你看不到的戶外世界裡。雖然有些疾病已經出現有效的疫苗，但是還有很多其他傳染病我們無法提供保護。可以在戶外自由走動的貓，有機會接觸到其他貓、狗、臭鼬、浣熊、蝙蝠等，可能會因為打架而受傷，甚至演變成致命的疾病。即使是和其他貓打架而造成的咬傷，雖然多數情況並不嚴重也不會致命，但有可能會因為感染而變成膿瘡（Abscess），不但需要去給獸醫治療，而且費用不低。

最容易因為貓打架互咬而傳染的疾病是貓愛滋。至於貓白血病病毒的

傳染途徑，有可能是來自友善的互相舔毛，以及長期的親密接觸。一旦被感染，貓的身體可能會終生帶有這兩種病毒或其中一種，而且會透過接觸傳染給其他的貓。被感染的貓可能會出現極為嚴重或致命的後果。

今日的貓主人開始努力讓貓適應室內生活，在室內長大的貓也喜歡如此的生活型態。有哪一隻貓不喜歡睡在家人溫暖的床上或是窩在舒服的沙發上？除了家以外，還有什麼地方可以讓貓看到家人的一舉一動？有哪一隻貓不喜歡電腦的溫暖和嗡嗡聲？那兒可是貓監督全家工作的絕佳地點。貓和人類一樣是習慣性的動物，習慣住在室內的貓，會開心地待在這個舒服又安全的地方。

我什麼時候可以帶貓外出？

雖然我一再強調貓固定住在室內的必要，但在某些狀況下，貓也可以安全享受戶外時光。外出可以變成一件好玩的事，尤其是在貓習慣外出之後，對於任何奇怪的畫面、聲音或人逐漸感到自在時。幾乎每一隻幼貓在八到十二週大（或甚至更大）時，就可以開始訓練套上胸背帶式的牽繩散步，和狗一樣。不要用套在脖子的項圈，要用胸背帶式的。套在脖子的項圈有勒到脖子嗆到的危險，傷害到脖子前方的氣管（Trachea），或是當貓試圖逃跑時，項圈在掙扎的過程中脫落。

當你可以安全地用胸背帶式的牽繩牽著你的貓時，就可以開始帶貓去戶外一些不太可能有其他動物出現的地方散步。被套上胸背帶式的牽繩的貓和小型狗一樣，有可能遇上一些危險，例如在散步時遇到大狗或其他貓。一旦當面遇上了陌生的貓狗，會毫無預警地出現挑釁行為。

就我個人的意見，讓你的貓在有牽繩的狀況下，在自家花園玩弄花花草草，或是在鄰近安全的區域探險走動，並沒有壞處。我的許多貓飼主甚至會帶著貓上寵物店去買東西，當然是在有牽繩的情況下。

我的貓飼主常問我一個問題，就是帶貓出去會不會讓貓開始渴望去戶外走動。有些飼主甚至擔憂原本開心住在室內的貓，會不會在習慣外出後，一逮到機會就往外衝。我從來沒有在滿足於室內生活的貓身上，看過這種狀況。我想那是因為主人帶貓外出時，同時也給貓帶來安全感，那和貓獨自待在戶外的不安全感是非常不同的。只要室內貓不是習慣獨自待在戶外，不太可能會在沒有主人在旁的狀況下，舒服自在地待在戶外。

注意：如果你要讓貓戴上有名牌的項圈，以預防貓跑出去找不回來，記得要買容易打開的安全項圈。這種項圈有經過特別的設計，當貓的項圈被籬笆或其他東西勾住時，貓只要稍微用力，項圈的扣環就會打開，可以預防貓被項圈勒住的悲劇。購買時記得測試扣環是否容易打開，但也不能太容易打開就是了。

養貓是一件有趣且開心的事。幼貓一斷奶，被帶離母貓身邊，進入你的生活時，你變成幼貓唯一的保護者。讓幼貓在充滿愛的環境下成長，透過不同的接觸，不管是室內還是戶外，給幼貓良好的社會化訓練。別忘了，你是唯一要對貓的身體安全負責的人。

晶片：保護貓的更好方式

當你的貓走失的時候，除了項圈名牌以外，能辨認貓身分的最好方法是晶片。晶片是一個微小的電子零件，裡面有編號，被植入貓的體內。晶

片掃瞄器可以讀取晶片上已經有註冊的寵物編號，進而找到貓的主人。

　　走失貓被帶到我的診所時，我的第一個步驟是掃瞄貓的肩膀和背部有沒有晶片，因為這通常是晶片用皮下注射的方式被植入的部位。如果有晶片，而且貓不屬於我的貓飼主，我會和寵物晶片註冊處聯繫，找出主人的姓名和聯絡方式。很多走失的貓因為有植入晶片而找到回家的路。和項圈名牌不同的是，在貓走動的過程中晶片不會遺失。貓到哪，晶片就跟到哪。幾乎所有的動物醫院和收容所都有晶片掃瞄器。我極力推薦我的貓飼主幫貓植入晶片，因為貓一旦走失，這是極有效率的尋貓方式。如果你搬家或是貓換了新主人，記得要去晶片註冊處更新資料。

7

你的小貓有寄生蟲嗎？

什麼是寄生蟲？

所有的動物，包括人類，都有受到寄生蟲（Parasite）感染的風險。寄生蟲侵犯宿主的器官，以攝取宿主的養分維生。寄生蟲奪去宿主所需的養分，甚至干擾重要器官的功能。例如腸內寄生蟲會堵住腸胃道、血液內的寄生蟲破壞紅血球，或是心絲蟲造成肺臟或心臟疾病。所有幼貓都可能感染到各式各樣的寄生蟲，所以要和你的獸醫合作，找出最適合的驅蟲藥，避免寄生蟲引起的疾病。

我如何知道我的幼貓有寄生蟲？

我們可以假設所有幼貓至少會有某種體內或體外寄生蟲。線蟲是最常見的體內寄生蟲，幼貓四到六週大就有可能被感染。其他寄生蟲，例如球蟲（一種非常小的單細胞寄生蟲，被稱之為原生動物或原蟲〔Protozoan〕），也常見於幼貓體內。有些被寄生蟲感染的幼貓會有症狀出現，例如腹瀉、嘔吐、體重減輕、身體虛弱、無精打采、毛髮不潔等。有些貓則不會出現這些症狀，即使體內有少量的寄生蟲。

你的獸醫可能會想要做糞便檢查（Fecal Exam），以檢查是否有蟲卵或其他階段的寄生蟲藉由糞便被排出體外。有了糞檢所提供的訊息，你的獸醫可以決定採用何種驅蟲藥。即使糞檢沒有顯示寄生蟲的直接證據，你的獸醫可能會開一種廣效的驅蟲藥，以確保貓沒有體內寄生蟲（Endoparasite）。體外寄生蟲（Ectoparasites）通常比較容易被發現，因為可以用肉眼判斷，有很好的藥物可以用來消滅體外寄生蟲。以下討論常見的貓寄生蟲。

體內寄生蟲

線蟲

線蟲（Roundworm，其中最常見的即是蛔蟲）是幼貓最容易感染的寄生蟲。因為幼貓在喝母奶時，吃下母奶中的線蟲幼蟲（Larvae）。母貓體內常有這種幼蟲，來自於母貓本身還是幼貓時被感染。當母貓生下幼貓時，這些幼蟲離開母貓的身體組織，進入母乳。幼貓吃母乳時，幼蟲就趁

機進入幼貓體內。

線蟲幼蟲進入腸胃道後，鑽進腸道內壁，進而擴散到幼貓體內不同的組織。有些幼蟲進入肺部，會被咳出到幼貓的喉嚨，然後吞下去。因此幼蟲再度回到腸胃道中，再度成長為成蟲，造成嚴重的疾病。成蟲會繁殖並且在貓糞便中產卵。當糞便被排出體外時，幼蟲繼續生長，讓其他貓也受到感染。

貓也會因為吃其他動物的肉而感染到線蟲，例如體內有線蟲幼蟲的松鼠或老鼠。幸運的是有很多有效的藥可以驅除線蟲。你的獸醫可能會建議一次以上的驅蟲療程，每次間隔數星期，以確保貓體內的幼蟲全部驅除。

驅除幼貓體內的線蟲還有另一個理由。來自貓狗的線蟲會造成人類一種疾病，尤其是孩童，該病稱之為內臟性幼蟲移行病（Visceral Larval Migrans，英文說明請見：emedicine.medscape.com/article/1000527-overview）。感染發生於小孩接觸到有線蟲幼蟲的貓狗糞便。重要的預防方法是不要讓小孩接近貓狗會用來排泄的地方，像是砂坑或花園。讓你的貓不要有寄生蟲，而且只待在室內，也是一個重要的預防方法。

◎參考資料：www.marvistavet.com/cats-kittens.pml

條蟲

幾乎所有年紀的貓都有可能會有條蟲（Tapeworm）寄居在腸道中。當貓不小心吃下含有條蟲幼蟲的跳蚤時，就被感染了。身上沒有跳蚤的貓，不可能成為條蟲的宿主，所以良好保持控制貓身上以及周圍環境沒有跳蚤，是很重要的。當你在貓的糞便中，看到小小像米粒般的白點，你就知道貓有條蟲了。這些隨著糞便排出體外的「小米粒」甚至會移動。

離開貓體不久的條蟲會乾掉而且不會再移動，但看起來還是像一顆小米粒。其實這只是貓體內較大的條蟲蟲體的一個部位而已。這個部位含有許多條蟲卵，穿透蟲體表層而出，開始在環境中生長。當一隻跳蚤吃下條蟲卵，幼蟲就會繼續生長。貓吃下有條蟲幼蟲的跳蚤時，如此的生命週期就開始在貓的體內進行。

和其他體內寄生蟲比較起來，條蟲引起嚴重的疾病並不常見，但還是要注意別讓貓染上寄生蟲。首要步驟是確定你的貓身上沒有跳蚤。（見下文「跳蚤」段落。）如果有在貓的肛門附近或是糞便中看到條蟲節片，請獸醫開有效的驅蟲藥，同時詢問如何有效控制跳蚤。

◎參考資料：www.marvistavet.com/tapeworm.pml

球蟲

球蟲（Coccidia）是微小的單細胞寄生蟲，寄居在貓和狗的腸胃道中。幼貓接觸到含有球蟲的貓狗糞便，因而被感染。球蟲一旦進入腸胃道，便開始快速增生，造成腸道組織發炎。幼貓嚴重感染球蟲時，會有嚴重甚至帶血的腹瀉症狀，造成體內水分和電解質流失，甚至可能導致死亡。

糞檢可以知道幼貓體內有無球蟲。驅蟲可以停止球蟲在體內繁殖，而且允許幼貓自身的免疫系統擊退感染。如果你的幼貓因為感染球蟲而身體虛弱，請獸醫建議其他的支持性療法。

◎參考資料：www.marvistavet.com/coccidia.pml

梨形鞭毛蟲

跟球蟲一樣，梨形鞭毛蟲（Giardia）是一種單細胞寄生蟲，寄居在許多不同宿主的腸胃道中。在幼貓和一些成貓身上，這種寄生蟲會造成嚴重腹瀉。蟲體會從一隻被感染的貓，迅速到達另一隻貓體內，通常是透過被感染的飲用水（狗和人也有可能得到這種寄生蟲），或是接觸到有此一寄生蟲的糞便。如果糞檢顯示有此寄生蟲，或是出現有此蟲的症狀，即使糞便中並沒有此蟲，獸醫都會開給你一種有效的驅蟲藥。也有針對此寄生蟲的預防針，但並沒有被廣泛使用，因為已經有治療這種寄生蟲的簡便方式，而且過度注射疫苗是有風險的。（第 10 章有更多預防針的資訊）。

◎參考資料：www.marvistavet.com/giardia.pml

心絲蟲

當大部分的貓主人知道貓和狗一樣也會得到心絲蟲（Heartworm），以及心絲蟲造成的心臟和肺臟疾病時，都很意外。跟狗一樣，一隻帶有心絲蟲幼蟲的蚊子，去叮咬貓的時候，貓會因此而感染到心絲蟲。跟狗並不一樣的是，貓並不是心絲蟲的理想宿主，所以被有心絲蟲幼蟲的蚊子叮咬的貓當中，只有少部分心臟和肺臟中會有成蟲。

雖然在全世界大部分的地方，貓感染到心絲蟲的病例並不常見，但是一旦感染，症狀可能會很嚴重。雖然貓也會感染到心絲蟲，但幸運的是心絲蟲所造成的病不會出現在幼貓身上，因為從被有心絲蟲幼蟲的蚊子叮咬，到成蟲出現在心臟和肺臟，這中間需要好幾個月的生命週期。所以當貓被確診有心絲蟲時，都已經是成貓了。

貓心絲蟲最常見於美國的東南部，因為是狗心絲蟲常見的區域。在此

區域裡，貓得到心絲蟲的比例是狗的百分之十。因為這個比例很低，所以在其他狗心絲蟲並不如此普遍的區域，多數獸醫不建議貓要和狗一樣每天吃預防心絲蟲的藥。跟你的獸醫討論，以決定是否要用此方式幫你的貓預防心絲蟲。

　　貓的心絲蟲症狀和狗類似，但並不全然相同。再者，沒有好的治療方法可以擺脫貓的心絲蟲。不過因為貓並不是心絲蟲的理想宿主，所以體內的心絲蟲會自行消失。也就是說，大部分受到感染的貓，體內的心絲蟲在大約兩年後會死亡。在心絲蟲死亡之前，獸醫會開抗發炎的藥給貓吃，把此蟲可能引起的過敏反應降到最低。感染到心絲蟲的貓主要的問題是肺病。長期咳嗽的貓應該要檢查有無心絲蟲，即使貓是居住在狗心絲蟲並不普遍的區域。

◎參考資料：www.marvistavet.com/heartworm-the-parasite.pml

體外寄生蟲

耳疥蟲

　　耳疥蟲（Ear Mite）是微小的昆蟲，外型像螃蟹，是蜘蛛的親戚，寄居在貓的耳朵裡。隨著時間的過去，這種蟲會造成耳朵嚴重發炎，產生黑色的粉狀分泌物。有耳疥蟲的貓會用力搖頭，或大力抓耳朵。很顯然這種蟲讓貓很不舒服。耳疥蟲會迅速在貓與貓之間傳染，甚至狗也會被感染。如果不加以治療，耳疥蟲會對脆弱的耳內結構造成破壞，甚至可能導致鼓膜破裂。耳疥蟲寄居在耳內時，耳朵會比較容易受到細菌和真菌的感染，造成更多的破壞和不舒服。

只要探取一些耳內分泌物，放在顯微鏡下觀察，獸醫很容易就可以看到有無耳疥蟲的存在。如果可以，請獸醫也讓你看一下顯微鏡下的耳疥蟲。近距離看這些小蟲是一件奇妙的事。一旦確診是耳疥蟲，你的獸醫會先徹底清潔受感染的耳朵，然後投藥或是注射藥物，以殺死所有耳疥蟲。切記要遵循醫生的驅蟲指示。

◎參考資料：www.marvistavet.com/ear-mites.pml

貓疥癬蟲

造成皮膚病的疥癬蟲（Mange Mite）和長得像蜘蛛的耳朵寄生蟲屬同個家族（見「耳疥蟲」段落）。跟耳疥蟲一樣，疥癬蟲會讓貓很癢很不舒服。疥癬蟲會鑽入貓的皮膚，造成皮屑以及硬皮，通常出現在貓的頭部。你的獸醫會刮下感染區域的皮膚組織後，放在顯微鏡下檢查以確診。有時候會很難找到蟲，因為鑽得太深入皮膚。如果是這種狀況，也許要做皮膚切片檢查才能確診。有很多不同的方式可以治療疥癬蟲，從打針到泡藥浴都有，都是有效的方法。

雖然只要時間夠久，這種蟲就有機會自行消失，但是被感染的貓會很不舒服，而且可能會傳染給狗，甚至人類。所以一旦發現就要立刻進行治療。疥癬蟲的症狀類似其他皮膚寄生蟲，有時候甚至會出現類似非寄生蟲感染的皮膚症狀。一旦你的貓出現不會自行消失的皮膚紅疹時，立刻帶去給獸醫檢查以釐清問題根源。

◎參考資料：www.marvistavet.com/sarcoptic-mange.pml

跳蚤

每個人都知道跳蚤（Flea）是什麼。跳蚤幾乎是所有哺乳動物都會遇到的寄生蟲；橫行中世紀歐洲並造成數百萬人死亡的黑死病，也和跳蚤脫不了關係。在那個民智未開的時代，幾乎所有家庭都有長滿跳蚤的老鼠橫行其中。這些跳蚤身上不但帶著黑死病細菌，而且還傳染給人類。

雖然今天的跳蚤比較不可能帶有致命的疾病，但是為了貓的身體健康，不管是成貓還是幼貓，控制跳蚤不要出現是很重要的。跳蚤不僅會造成嚴重的皮膚不適或過敏，如果貓身上有大量跳蚤寄居，還會造成紅血球大量流失而貧血。再者跳蚤帶有條蟲幼蟲，如果貓不小心吃下帶有此幼蟲的跳蚤，那麼幼蟲就會在成貓和幼貓體內成熟為成蟲。

近年來，藥廠已經推出好些貓狗專用的除蚤產品。即使在一年四季都有跳蚤肆虐的區域，例如美國的南方和西岸，這些好用的產品可以保護貓全年不受跳蚤影響。這類產品通常是只要點在皮膚上，便可以為寵物和主人提供好幾週的保護。要購買這類產品時，記得先去詢問獸醫的建議，並確定產品的使用頻率。

◎參考資料：icatcare.org/advice/flea-control-cats

貓癬

貓癬（Ringworm）並不是一種蟲，而是一種真菌（名為皮癬菌 [Dermatophyte]），很多動物的皮膚會受到感染，包括貓和人類。貓皮膚真菌生長的部位會出現環狀硬皮，或是圓形禿，至少一開始時症狀是如此。真菌孢子從其他動物或地面或受到污染的表面，擴散到貓身上。貓癬孢子對於環境有很強的抵抗力，而且可以在家中和戶外潛伏很長的時

間。受到感染的貓和狗很快就會傳染給其他動物，甚至人類。

　　幼貓通常比成貓容易感染貓癬，這最可能是因為幼貓的免疫系統比起成貓來說，尚未發育完全、警覺性也還不夠高。雖然成貓有比較健全的免疫系統，但是接觸到大量貓癬病原時，也有可能會出現典型的症狀，即環狀皮屑或圓形禿。

　　除非是免疫系統很不好的貓，否則貓癬是會自行痊癒的。如果沒有加以治療，在免疫系統有能力開始反抗、殺死真菌、啟動自我治療之前，貓癬很可能就已經大規模擴散到貓的耳朵、頭、身體和腳。因為貓會很不舒服，而且可能會傳染給其他的動物或人，一旦發現貓癬時，應該立刻就醫治療。

　　有很多口服藥物可以有效對付貓癬。也有很多抗真菌乳霜可以塗在受感染的皮膚部位，以防止真菌在幼貓和成貓身上擴散。不過也許最好的方法是最古老的方法，泡泡石灰硫磺合劑是很有效的方式，不貴又無毒。

　　基本上，我會推薦得到貓癬的貓，浸泡在用水稀釋過的石灰硫磺合劑（用水稀釋十五倍），每兩天泡一次，總共泡四次。記得不要沾到貓的眼睛。雖然這種藥劑有很重的雞蛋腐爛的味道（來自硫磺的味道），但這種治療方式快速有效，而且沒有副作用，是我最喜歡拿來治療貓癬的方式，而且任何年齡的貓都可以泡。事實上，我曾經在六週大的幼貓身上用過這種治療方式。

◎參考資料：www.marvistavet.com/ringworm.pml

壁蝨

壁蝨（Tick）是和蜘蛛有親戚關係的寄生蟲。跟跳蚤一樣，壁蝨以哺乳動物的血維生，但是跳蚤會在宿主身上跳上跳下，而壁蝨則是牢牢的、長時間吸附在宿主身上。室內貓沒有得到壁蝨的風險，因為壁蝨的自然棲息地是樹木。

壁蝨會帶來嚴重的細菌疾病，例如萊姆病（Lyme Disease）和洛基山斑疹熱（Rocky Mountain Spotted Fever）。也可能會讓皮膚不舒服或發炎。一旦壁蝨附著在貓的皮膚上並開始吸血，你會看到該處皮膚有一個深色的類似水泡的凸出物。如果你沒有經驗，不知道如何安全移除壁蝨，請把貓帶去給獸醫處理。除去壁蝨時要避免把壁蝨的口部留在貓的體內，因為如果沒有把這部位也除去，該部位會繼續危害貓咪，造成感染。

有一些只要點在身體局部的新產品，可以預防全身跳蚤，也可以同時預防壁蝨。如果你居住的地區戶外有很多壁蝨，而且你允許貓外出，請去詢問獸醫如何保護貓不受壁蝨叮咬。

◎參考資料：www.vet.cornell.edu/fhc/Health_Information/Ticks.cfm

我們已經討論了最常見的貓寄生蟲。幼貓比較可能成為這些寄生蟲的宿主，因為體內的免疫力還不夠強。注意貓的皮膚和毛皮健康，同時也要留意體重、胃口和活動力，如果幼貓感染到寄生蟲，你會很快就發現到相關症狀。觀察幼貓以及和幼貓玩耍是一件很有趣的事，所以觀察有沒有寄生蟲一點也不難。

8

我的小貓會著涼或感冒嗎？

大家都知道，人在嬰幼兒期常會感染到病毒造成的疾病。去問一下托兒所的員工或幼稚園老師，你就會知道小孩常常會被傳染到感冒和流感。即使沒有上學或去托兒所的孩子，也會得到這惱人的疾病。而幼貓就和幼童一樣，也容易著涼或感冒。

　　年紀小的動物免疫系統尚未成熟，抵抗充斥在環境中的病毒能力當然有限。細菌引起的疾病，可能會在所有幼小的動物身上造成嚴重的問題。受到病毒或細菌感染的幼貓，可能會傳染給家中的成貓。接下來我們要討論的就是這些最常見的傳染性疾病。

貓皰疹病毒

有時候被稱爲「貓流感」的貓皰疹病毒（Feline Herpesvirus，又稱鼻氣管炎 [Rhinotracheitis])，是最常見的數種上呼吸道感染（Upper Respiratory Infections，簡稱 URI）之一。雖然所有年齡層的貓都可能會感染到這種病毒，但最常見於幼貓。貓皰疹病毒不會傳染給人類，不過很容易傳染給其他貓。已感染的貓口、眼、鼻分泌物中有活病毒，接觸到這些分泌物的其他貓就會被傳染。當衣物、玩具或是其他無機物沾到這些分泌物，進而被幼貓接觸到，病毒就快速地散播了。

受到皰疹病毒感染的貓，看起來就像得了嚴重的感冒。打噴嚏、流鼻水、眼睛紅腫流淚、沒有胃口等等，都是典型的症狀。在有些貓的身上，病毒會攻擊眼睛深層組織，嚴重破壞角膜，即眼睛前方透明的部位。如果沒有治療，幼貓身上的皰疹病毒會轉爲長期感染，伴隨幼貓進入成貓期，甚至終其一生存在貓體內。如果你的貓出現這個疾病的症狀，立刻帶貓就醫是很重要的，以避免嚴重的併發症。

雖然抗生素（Antibiotics）並不被認爲可以有效對抗病毒，但在治療皰疹病毒時卻是相當有幫助的。這可能是因爲大部分出現病毒感染症狀的貓，也會出現續發性的細菌感染，而抗生素可以對抗這些細菌性併發症。再者，除了對抗細菌以外，抗生素還具有抗發炎的功能，可以幫助解除幼貓的不適感。當幼貓出現嚴重的症狀以及呼吸困難時，**噴霧治療**（Nebulizing，有時也稱**蒸氣治療**[Vaporizing] ）是一個非常有效的方式。

進行噴霧治療時，要把貓放在可以吸入溫暖蒸氣的地方，以解除鼻腔和肺部的阻塞。我會讓我的貓飼主自行在家中爲幼貓進行噴霧治療，方法

和治療嚴重鼻塞的小孩一樣，一天進行數次，直到阻塞的症狀解除為止。（只要簡單調整人用的噴霧器［Nebulizer］就可以給貓使用。）通常噴霧治療只要進行二至三天即可。這個治療方式很有效，值得花時間去做。我通常會在噴霧液中加入抗生素，以幫助對抗續發性的細菌性併發症。

有時候上呼吸道感染的貓會不願意進食，因為鼻塞讓貓聞不到食物的味道。幼貓不能超過一天沒進食，如果你的幼貓不肯進食超過一天，你需要用手拿一些容易食用的食物餵貓，一直到胃口恢復為止。我覺得嬰兒肉泥很適合拿來餵沒有胃口的貓。貓都覺得嬰兒肉泥很好吃（羊肉泥味道最重最好吃），主人可以用湯匙、壓舌板、或針筒，輕易把肉泥送入貓口中。只吃嬰兒肉泥當然無法獲得完整均衡的營養，但為了維持貓的體重，短期（幾天）餵嬰兒肉泥是無害的。鼻塞情況解除後，貓就會開始自行進食。

如果你的獸醫相信你的貓上呼吸道症狀是皰疹病毒所引起，獸醫可能會開離胺酸（L-lysine）粉末，讓你帶回去固定加在食物中給貓吃。離胺酸是一種氨基酸，可以抑制病毒活動以對抗皰疹，幫助控制病毒在體內擴散。大部分幼貓如果早期治療可以完全復元，但有部分幼貓體內病毒會停留比較久，有些甚至終生。這種長期病毒帶原者會散播病毒，傳染給其他貓，即使帶原者本身並沒有症狀出現。

貓皰疹病毒有疫苗可以注射以預防。三合一疫苗是所謂的核心疫苗，除了可對抗大部分的皰疹病毒感染以外，還能對抗卡利西病毒和貓泛白血球減少症（貓瘟）病毒（見下文）。幼貓在大約八週大時開始打三合一疫苗，接下來大約每三週追打一劑，總共要打三劑。請跟你的獸醫討論最適合你的貓的疫苗注射時間表。

◎參考資料：www.healthcommunities.com/feline-herpesvirus/feline-herpesvirus-overview.shtml

貓卡利西病毒

卡利西病毒（Calicivirus）是第二常見的幼貓上呼吸道感染。症狀和皰疹病毒很像，而且傳染途徑也相同。獸醫可以用棉棒從眼皮內側採樣，檢查是否有這個造成貓「著涼」症狀的病毒。不過，通常只有當獸醫想要區別皰疹病毒和卡利西病毒時，才會這麼做，以決定是否也要針對皰疹病毒進行治療。

感染到卡利西病毒的貓，治療方式通常和其他上呼吸道感染一樣，包括抗生素的使用以及良好居家照顧，例如前面提到的噴霧治療和用手餵食。跟皰疹病毒一樣，卡利西病毒也會造成口腔和鼻腔潰瘍，讓貓更不舒服。卡利西病毒比較不會對眼球造成嚴重破壞，而且也比較不會演變成長期感染。即使如此，當你的貓出現著涼的早期症狀時，應該立刻帶貓就醫。

大部分的卡利西病毒和皰疹病毒一樣，可以打疫苗預防。幼貓健康時打一系列的三合一預防針，之後每年追加一劑。帶新幼貓回家時，就立刻跟獸醫問清楚預防針施打細節。

◎參考資料：www.healthcommunities.com/calicivirus/feline-calicivirus-fcv-overview.shtml

披衣菌

不同於其他兩種常見的上呼吸道感染，即皰疹病毒和卡利西病毒，披衣菌（Chlamydia，又稱衣原體）是一種細菌，會傳染給貓以及其他動物。這種細菌會造成眼睛部位的軟組織發炎，即**結膜炎**（Conjunctiva）。貓感染到披衣菌的典型症狀是眼睛紅腫流淚。至於打噴嚏和其他上呼吸道感染症狀則比較少出現，除非貓同時感染到披衣菌以及其他上呼吸道病毒。披衣菌會透過病貓的眼鼻分泌物，傳染給其他的貓。

因為披衣菌是一種細菌，所以很容易用特定的抗生素加以治療。抗生素眼藥水對控制病貓眼睛發炎很有效，但很多獸醫還會建議額外的口服抗生素。四環黴素（Doxycycline）或阿奇黴素（Azithromycin，日舒錠）都是好選擇。雖然披衣菌有疫苗可以預防，但並不如皰疹病毒和卡利西病毒般常被建議要施打，因為基於一些因素，包括對疫苗預防效率的質疑、披衣菌的低毒性，以及和其他疾病比起來，被披衣菌感染的貓數量相當少。你的獸醫會和你討論該不該為貓打披衣菌疫苗。如同我們將在第10章討論的，打比較多的疫苗並不表示比較安全有保障。基於許多不同的風險因素考量，每一隻貓都該有一套專屬的疫苗施打準則。

◎參考資料：www.healthcommunities.com/feline-chlamydiosis/diagnosis.shtml 以及 www.healthcommunities.com/feline-chlamydiosis/overview.shtml

貓博德氏桿菌

貓博德氏桿菌（Feline Bordatella）是一種細菌感染，和引起狗的犬舍咳（Kennel Cough）的病原相同或相關。感染到這種細菌的貓和狗一樣，會出現重複的、低沉的喉部咳嗽。沒有其他的貓上呼吸道感染會出現如此的症狀。感染到此一病菌的幼貓可能會很快出現症狀，甚至死亡，而且是毫無預警的。年紀較大的貓存活率比較高，但還是需要抗生素去對抗感染，一直到復元為止。幸運的是，有許多藥物可以有效對抗此一桿菌。

很多專家相信，披衣菌和博德氏桿菌是一種病原，會伺機感染已感染皰疹病毒或卡利西病毒的貓。或許這是事實，但是未曾有過其他感染的貓，也是有可能染上博德氏桿菌，造成上呼吸道疾病以及肺炎。

最近一家美國藥廠推出博德氏桿菌疫苗，提供居住在該病普及區域內的貓使用。雖然該病在美國和世界許多地方並不普遍，但似乎有蔓延的驅勢。在南加州，一年前我見過的博德氏桿菌貓病例非常少，但是在二〇〇五年，我相信我治療了好幾個如此的病例。目前我並不建議施打此疫苗，基於我個人對貓過度注射疫苗這件事的反感。（見第 10 章貓注射疫苗的優缺點深入討論。）

雖然我對這種新疫苗的經驗很少，對其安全和效用沒有強烈的信心，但是我也沒有懷疑的理由。如果未來我有看到更多病例，特別是出現在幼貓身上，對於疫苗的固定施打與否，我當然會修正看法。關於此一疫苗施打與否的建議，請和你的獸醫討論。

◎參考資料：www.vetinfo.com/feline-bordetella-explained.html

貓泛白血球減少症（貓瘟）

　　貓泛白血球減少症（Panleukopenia），也稱**貓瘟**（Feline Distemper），是一種來自小病毒家族的病毒（和犬細小病毒同一家族），會引起腸胃道症狀。沒有注射過貓瘟疫苗的幼貓，或是三合一注射療程尚未完成的幼貓，特別容易受到這種病毒的感染。這是因為此時幼貓的免疫力還很弱，而貓瘟病毒卻非常凶猛，對幼貓極具破壞力。病毒會透過病貓的任何分泌物傳染給其他健康貓。這種病毒十分頑強，而且可以在貓體外的環境中生存很長一段時間。

　　得到貓瘟的貓會出現嚴重的腸道症狀。被感染的貓很快出現嘔吐、沒有胃口、腹瀉（常帶血）、沒有精神等症狀。很不幸的是，貓瘟可能會迅速致命，尤其是幾週大的幼貓，或是沒有及時接受密集的支持療法，即使只是幾個小時的延誤。貓瘟病毒會造成可以對抗感染的白血球下降，而血液自腸胃道流失則可能導致嚴重貧血，因為紅血球下降。

　　現在貓瘟的病例並不常見，因為幾乎所有的貓都有固定施打疫苗，而且疫苗提供極為有效的保護作用。當你面對一隻可能得到貓瘟的貓時，你的獸醫會建議密集的支持療法，包括使用抗生素來對付續發型的細菌感染、靜脈或皮下點滴來應付脫水的狀況、補充營養直到幼貓可以自行進食為止。即使是如此密集的照顧治療，幼貓的死亡率還是很高。

　　在獸醫的建議下固定施打疫苗，完全避開幼貓得到貓瘟的風險，是成功應付貓瘟的關鍵。在幼貓已經至少打過兩劑疫苗之前，最好不要讓幼貓與疫苗歷史不明的貓有接觸的機會。

◎參考資料：www.avma.org/public/PetCare/Pages/feline-panleukopenia.aspx

貓白血病病毒

貓白血病病毒（Feline Leukemia Virus，簡稱 FeLV）是一種特別的病原體，不僅會抑制幼貓的免疫系統，而且可能造成癌症。年輕貓體內的白血病病毒，特別容易造成這兩種症狀，但老貓也有可能被感染後致病。幼貓因為與其他白血病陽性反應的貓接觸而感染，包括幼貓自己的母親。一隻身上已帶有白血病病毒的母貓，有可能在幼貓出生前或是哺乳時，把病毒傳給貓孩。

感染到白血病病毒的症狀，在幼貓和成貓身上各有不同。最嚴重、最快速致命的病程大多出現在幼貓身上。如果貓很小就感染，症狀可能會很嚴重，感染後數天或數週就會死亡。病貓的白血球可能會上升或下降，出現貧血、發燒、沒有胃口等類似症狀。在病毒擊垮免疫系統、引起致命的續發性細菌或病毒感染之前，年紀比較大的幼貓或成貓，可能只是長期出現輕微的症狀而已。有些感染此病毒的貓，可能會在症狀變嚴重之前就演變成癌症，例如白血病（血癌）或淋巴癌（Lymphoma）。幼貓因病就診時，都應該要檢查有無感染此一病毒。相同地，年紀比較大的貓如果也出現不明確的症狀，而且不確定有無感染到白血病病毒時，也應該檢驗有無此病毒。

感染到白血病病毒的貓，有可能很長一段時間，有時是好幾年，都沒有出現任何明顯的症狀，所以主人和獸醫可能會在不知情的狀況下，讓已感染此病毒的貓和沒有感染的貓住在一起。所幸白血病病毒已不如過去幾十年般普遍，也許要歸功於良好的檢驗方法以及疫苗。即使如此，住在一起的貓最好都驗一下有無白血病病毒，尤其是貓群中有一隻或一

隻以上的白血病病毒歷史不明時。

　　身上沒有白血病病毒的完全室內貓，無論是一貓還是多貓，都沒有感染到此病毒的風險。住在戶外的貓，或是每天可以外出一段時間的貓，會有接觸到此一病毒的風險，因為牠們在外面可能會接觸到帶有此病毒的陌生貓。外出時主人沒有全程監督的貓，也應該檢驗白血病病毒，以確定是陰性反應，並且要接種白血病疫苗。白血病疫苗並非沒有風險（見第 10 章）。如果你的貓沒有此病毒，預防感染的最好方法是完全不要讓貓外出，杜絕你的貓和身上帶有此病毒的貓有接觸的機會。

◎參考資料：www.healthcommunities.com/feline-leukemia-virus/treatment.shtml

貓免疫不全病毒（貓愛滋）

　　貓免疫不全病毒（Feline Immunodeficiency Virus，簡稱 FIV）即貓愛滋，和貓白血病病毒屬於同科，但在許多方面卻很不一樣。貓白血病病毒是透過長時間的近距離接觸而感染，而貓愛滋病毒則通常是被帶原貓咬到，接觸到帶原貓的口水而被傳染。因此，貓白血病又被稱為「友善的貓病」，而貓愛滋則被稱為「不友善的貓病」。基本上，感染到愛滋病毒的貓通常是年紀比較大的成貓，往往是在戶外居住過相當長時間的公貓，而不是較年輕的貓。有愛滋病毒的母貓，也有可能在懷孕或哺乳過程把病毒傳染給小貓。但比較常見的是年紀較大的貓和別貓打架時，因為被咬而從傷口處感染到病毒。

　　和白血病病毒一樣，愛滋病毒可能會潛伏很長一段時間，而沒有出現任何症狀。在一些病例中，貓愛滋最先出現的症狀是牙齦嚴重發炎。貓免

疫不全病毒，顧名思義是貓的免疫系統不全，導致其他續發性的感染比較容易發生。貓一旦感染到愛滋病毒，可能的結果是長期身體不健康。和貓白血病病毒一樣，如果貓看起來生病，但沒有明顯的原因，或是沒有接觸到病毒的機會時，都應該檢查一下是否有感染到愛滋病毒。支持療法可以讓陽性反應的貓重新獲得生活品質，但是很不幸的是，嚴重的病毒或細菌續發性感染也有致命的可能。貓愛滋也會導致一種嚴重的口腔疾病，即口腔炎（Stomatitis）。愛滋造成的口腔炎要投以抗生素，口腔要盡量保持清潔、減除疼痛。在某些病例上，用雷射移除口中發炎的組織是有幫助的。（更多口腔疾病請見第 19 章）。類固醇和其他抑制免疫系統的藥物，不會被拿來治療貓愛滋引起的口腔炎。

　　貓愛滋已有疫苗問世，然而使用與否頗受爭議，因為一旦注射過此疫苗，貓的愛滋檢驗永遠呈現陽性。有些獸醫擔心這種疫苗造成的偽陽性，有可能造成未來無法判斷是否真有愛滋病毒。例如一隻打過愛滋疫苗的貓換了主人，而且沒有提供新主人疫苗歷史，當貓生病而做了愛滋檢驗時。不過，貓愛滋疫苗可以保護戶外貓免於感染。和貓白血病病毒一樣，最好的預防貓愛滋的方法是不要讓貓有外出的機會，接觸到其他帶原貓。和你的獸醫討論你的貓有無打愛滋疫苗的需要。

◎參考資料：www.vet.cornell.edu/fhc/health_information/brochure_fiv.cfm

狂犬病

狂犬病（Rabies）是一種病毒造成的疾病，很多動物都可能受到感染，包括貓、狗、人類和許多野生動物。全世界的野生動物都是狂犬病毒最佳永久藏身處，而家畜、寵物和人類，則是這種致命病原體的意外宿主。幸運的是，因為貓狗狂犬病疫苗的廣泛使用，在美國以及大部分的歐洲，狂犬病已經不常見，甚至在野生動物有狂犬病帶原的國家也是。

不管是寵物還是人類，一旦接觸到帶有狂犬病病毒的口水而沒有立即處理，致命率都是百分之百。最常見的感染途徑，是被帶有狂犬病病毒的動物咬到。很顯然，室內貓被帶原動物咬到的機率很低，例如蝙蝠、臭鼬、浣熊或是狐狸。幸好松鼠和兔子不易被感染，所以不致構成威脅，即使是對戶外貓而言。

市面上有好幾種有效的狂犬病疫苗，你的獸醫會告訴你最佳選擇，以及注射週期。

◎參考資料：www.healthcommunities.com/rabies/treatment.shtml

9

貓傳染性腹膜炎——謎團中的密碼

貓傳染性腹膜炎

貓傳染性腹膜炎（Feling Infectious Peritonitis，簡稱 FIP）可能是最令人無能為力，也是最具破壞性的貓疾病。雖然好幾十年前，我們就已經知道此病的存在，也知道是病毒造成的，但是對於這個貓的致命殺手，我們還有很多不瞭解的地方。傳染性腹膜炎是冠狀病毒（Coronavirus）家族中，一種病原病毒所造成。諷刺的是，造成腹膜炎的病原體是突變自一種居住在許多貓的腸胃道的非致病性冠狀病毒而來。

目前，我們並不瞭解是如何的先後次序，造成或允許良性的腸胃道病毒，變成劇毒病原而引起腹膜炎。雖然有很多貓帶有這種良性冠狀病毒，

可能是母貓傳給幼貓，或是來自其他的貓，但是大多數終生都沒有發展成腹膜炎。通常貓的免疫系統可以在幾週內，就打敗非致病性冠狀病毒引起的腸胃道感染。

然而，某些感染到這種冠狀病毒的貓，病毒突變並進入體內，擾亂貓的免疫系統，使其嚴重脫序，在一些重要器官造成損壞以及發炎。因此，雖然腹膜炎一開始是病毒所引起，但最後身體的破壞其實是來自於本身的免疫反應。也就是說，腹膜炎是貓的身體被自身的病毒劫持，貓在不知情的狀況下參與了自身的毀滅。

腹膜炎有兩種，濕式和乾式。濕式腹膜炎的典型症狀是腹腔和胸腔積水，有時是兩處都有積水。胸腔積水造成呼吸困難，腹部積水從外觀可以看出腹部變大。當病毒刺激貓的免疫防禦力時，積水是嚴重發炎正在發生的證據。很不幸的是，免疫系統的極度刺激並無法有效消滅病毒；相反地，免疫系統的反應，反而變成致命的原因，而不是幫助控制以及消滅病毒。

乾式的腹膜炎和濕式不同，即腹腔和胸腔沒有積水。即使如此，乾式腹膜炎和濕式一樣，都是免疫系統的過度反應。最常受到這兩種腹膜炎直接影響的器官有淋巴組織、骨髓、腎臟、眼睛和肝臟，但是中央神經系統也可能受到影響，尤其是乾式腹膜炎。

腹膜炎的症狀是什麼？

腹膜炎好發於三歲以下的貓，雖然也見過年紀較大的貓得病，但很少。年輕貓似乎是高危險群。早期狀症可能很不明確，病貓也許只是幾天沒胃口，或變得無精打采、安靜。隨著病程的進展，皮膚可能變成黃色（黃

疸 [Jaundice] ），因爲肝臟功能受損。濕式腹膜炎的貓呼吸會很深而且急促，或是喘氣。腹部因爲積水而明顯變大。出現此症狀的貓很快就會死亡，但年紀較大的貓也許會拖幾個星期或更久，尤其是在密集治療之下。

如何確診傳染性腹膜炎？

有時確診很困難，因爲早期症狀往往不明顯，而且缺乏良好的檢驗方式以確診。早期症狀通常只是有點「不對勁」，可能是沒有好好吃飯或開始有點懶洋洋的。有些貓會發燒，有些沒有。這個階段的症狀跟許多其他發炎的疾病狀況很像，在沒有可靠的檢驗方式時，幾乎不可能做出區別。

目前最好的檢驗方式之一是 FIP 聚合酵素連鎖反應（Polymerase Chain Reaction，簡稱 PCR）檢驗。也有其他方式可以檢驗，但其中有些既不可靠又充滿誤導。這些非特異性的檢驗中最常見的是貓冠狀病毒（Feline Coronavirus，簡稱 FeCov）檢驗，這個檢驗是在「找出」貓的身體中，對抗腸胃道冠狀病毒的抗體，而不是突變的腹膜炎病毒。貓冠狀病毒檢測取得的樣本，得出的結果是相對存在於貓血液中腸胃道冠狀病毒抗體的數量。然而因爲有很多貓曾經接觸過或短暫感染過冠狀病毒，所以冠狀病毒抗體呈現陽性，但其實並沒有生病。

貓冠狀病毒檢驗所能獲得的訊息有限，除非貓出現很多其他關鍵臨床症狀，或是很多檢驗項目超出標準值，顯示貓感染到腹膜炎。臨床症狀包括長期食慾不振、精神不好、即使是在積極照料之下體重還是減輕了，再加上無法用抗生素控制的反覆發燒。機警的醫生還會注意有無以下現象：白血球上升、紅血球下降（貧血）、肝臟酵素升高、因爲球蛋白上升而造

成總蛋白量增加，以及如果是濕式腹膜炎會有的腹腔或胸腔積水。

如果貓冠狀病毒指數高，伴隨著出現以上多數或全部症狀，可能會被判定得到腹膜炎。很不幸的是，貓冠狀病毒檢驗在確診腹膜炎有諸多限制，對此不熟悉的獸醫可能在僅僅得知病毒檢驗結果呈現陽性時，就驟下定論確診腹膜炎，殊不知也許貓得到的是其他可治癒的病。如果是這樣，貓冠狀病毒檢驗反而變成診斷障礙，而不是幫助。

另一個檢驗方式是 B7 抗體檢驗。這個檢驗不如貓冠狀病毒檢驗來得普遍，而且被研究腹膜炎的專家批評。這些專家認為這個檢驗方式，沒有精確針對以及辨認突變的腹膜炎病毒，因此對於病原的存在，無法提供有幫助的訊息。雖然 B7 抗體檢驗已經存在幾十年，但支持者還是無法消除專家的疑慮。

對於病貓體內有無腹膜炎病毒（非僅限腸胃道冠狀病毒），前面提到聚合酵素連鎖反應檢驗可以提供可靠的訊息。這個檢驗方式是抽取貓的腹腔或胸腔積水，或是已被感染的身體組織，把腹膜炎病毒的脫氧核醣核酸（即 DNA）隔離出來後複製一百萬倍。這個檢驗最大的限制是，無法用驗血的方式進行。因此，沒有體液或是組織感染可供採樣的貓（也就是早期腹膜炎）無法做此檢驗。對於必須診斷早期腹膜炎和其他無數疾病的醫生來說，這是一個挑戰。治療貓病患的獸醫，有責任時時更新腹膜炎的科學新知、診斷以及有幫助的治療方式。

有治療方式嗎？

很不幸的是，目前腹膜炎並沒有治療方式。支持療法，例如輸液補充

水分、灌食、使用抗生素以擊退續發性的細菌感染，以及免疫系統抑制藥物的使用，例如糖化皮質類固醇（Glucocorticoids），可以減低病貓的不適感，改善生活品質，延長壽命。有些專家建議使用的藥物，例如干擾素（Interferon），成效不一。令人傷心的是，即使貓已經接受最積極的治療，腹膜炎的死亡率幾乎是百分之百。在瞭解到如何以及為什麼，某些貓體內的溫和腸胃道冠狀病毒會突變成致命的病原，結果造成貓的免疫系統變成一台失控的殺貓機器之前，我們是不太可能找得出治療方式的。

如何預防腹膜炎？

目前已有腹膜炎預防針，可供健康貓使用。但自從這個疫苗在十年前推出以來，評價飽受爭議，最好的評價是沒有效，最糟的評價是可能引起疾病。但最近的研究顯示，腹膜炎疫苗其實並不會引起疾病，不過對於疫苗是否有效，專家們依舊爭論不休。因為嚴格說來，腹膜炎並不是純粹因為感染而引起的疾病，因此要瞭解腹膜炎進而加以預防，變成一個很複雜的問題；這是在如貓皰疹病毒感染和貓瘟之類的疾病預防，不會遭遇到的問題。我強烈反對過度注射疫苗，而且在使用疫苗之前，我要看到令人信服的疫苗安全和效果的相關資料。我並不推薦我的幼貓和成貓病患，固定施打目前市面上的腹膜炎疫苗。

最近，美國加州大學戴維斯分校（University of California-Davis）的科學家發現，腹膜炎的發病與否可能和基因有關。也就是說貓本身的基因，可能會讓貓比較可能或不可能感染到此病。這是一個重要的發現，但並不令人感到意外。我們知道大部分感染到腸胃道冠狀病毒的貓，到後來

並沒有發展成腹膜炎。我們還知道此病不會大規模地「水平」擴散。換句話說，腹膜炎病毒並不像其他傳染病那般容易傳染給健康貓。腸胃道冠狀病毒的確會由貓傳給貓，大多經由接觸到被病毒污染的糞便，但致病的腹膜炎病毒似乎不會以此方式傳染給別貓。反而是只有在某些貓體內，某些仍未知的因子觸發了這個突變，把腸胃道冠狀病毒變成致病的腹膜炎病毒，攻擊貓的身體而造成嚴重破壞。

這個神祕難解的疾病的許多觀察者，包括我自己在內，已注意到貓本身獨特的基因組合，在這個令人無法預測的疾病身上扮演一個重要角色。再者我們知道，病程進展中所造成的破壞，貓本身的免疫監督和攻擊系統是關鍵要素。基因支配了這個系統的反應度，如同其他身體功能。因此，有些貓天生比較容易感染或抵抗這個可怕的疾病，就不令人感到意外了。

如果是這樣，科學家或許可以去研究容易感染的貓家族，以試圖更加瞭解腹膜炎的本質。也許如此的研究可以找出答案，以設計出能夠早期診斷的檢驗，甚至 DNA 檢驗，讓獸醫早在貓生病之前，就檢查出貓是否容易感染到此病。研究基因容易感染到此病的貓家族，可能甚至可以帶出線索，發現有效的治療方式，以及更好的預防工具。但是如同所有貓科疾病的研究，腹膜炎的研究基金嚴重不足，因為沒有政府補助。不過目前有許多組織在進行公開募款，以提供研究腹膜炎的科學家財務資助。

這些募款組織包括「溫基金會」（Winn Foundation，網站：www.winnfelinefoundation.com）以及「奧瑞恩基金會」（Orion Foundation，網站：www.orionfoundation.com）。我鼓勵讀者聯繫這些組織，以資助這個有價值的研究，讓我們可以更加瞭解進而連根拔除這個可怕的疾病。

10

哪些疫苗，以及何時注射？

貓接種疫苗的好處

在對抗病毒和非病毒疾病時，疫苗是大家熟悉的武器。感謝數十年前疫苗科技的發明，好幾百萬的人類和動物得到完整的保護，免於感染幾世紀以來奪走無數生命的致命疾病。過去二十年，科學家推出很棒的疫苗，帶給幼貓和成貓免疫力，對抗破壞力極強的疾病，例如貓瘟、貓白血病病毒和貓皰疹病毒。毫無疑問，受惠於此奇蹟般的醫療科技，今日的貓更健康也更長壽。

所有獸醫都推薦幼貓在八週大時，便開始施打一系列的疫苗，以預防三種比較常見的傳染病，即貓瘟、貓皰疹病毒和卡利西病毒。典型的做法

是每隔幾週便施打一劑，總共打二到四劑，之後則是每年追加一劑。專家也都建議幼貓在四到六個月大時，接種狂犬病疫苗，之後每年或每三年再追加一劑，視所使用的疫苗而定。此外，視每隻貓的生活型態不同，以及居住區域其他疾病普及率的不同，施打疫苗的建議也要跟著調整。

疫苗並非沒有風險

在過去，大部分的獸醫如同大部分的人醫，相信疫苗是絕對安全的。我們知道有效的疫苗可以預防疾病，但是我們毫不懷疑疫苗也有引起疾病的可能。經過一段時間後，獸醫發現某些疫苗會引起注射後反應，立即的嚴重反應例如過敏性休克（Anaphylactic Shock），非立即的反應例如注射部位發炎，以及因為疫苗成分而造成日後形成惡性腫瘤的遠期反應。

貓似乎具有很高的免疫系統反應力。只有在貓這個物種，我們看到嗜酸性白血球（Eosinophils），一種參與發炎過程的白血球，會在血管中正常地循環運行。雖然過去幾十年來，固定注射年度預防針以對抗許多疾病，被視為謹慎的預防措施，但我們現在知道這並不是必要的。幾年前，獸醫開始注意到某些貓施打預防針的部位，長出一種類型特別的致命性癌症，即纖維肉瘤（Fibrosarcoma，英文資料請見：www.marvistavet.com/vaccine-associated-fibrosarcoma-cancer.pml）。第一批注意到疫苗注射部位和纖維肉瘤生長部位之間的關聯的獸醫，花了好多年的時間才得以說服他們的同業和疫苗製造商相信，這兩者之間的關聯是真實存在的，而且是貓罹癌的重要原因。終於，徹底的研究顯示，重複施打疫苗的確可能造成某些貓得到癌症。

疫苗製造商繼續這些研究，試圖瞭解在這些疫苗中，最重要的致病因素何在。有些研究顯示，最容易造成纖維肉瘤的是白血病和狂犬病預防針，但也有其他研究顯示，有很多其他疫苗也會造成纖維肉瘤。還有一些研究則是顯示，似乎佐劑（Adjuvants）是問題所在，那是一種被加在某些疫苗中，以「刺激免疫力」的物質，但並非所有專家都一致同意這個研究結果。基於以上種種研究，美國貓科獸醫組織制定疫苗施打準則，以把風險降到最低，不僅是針對最嚴重的疫苗併發症，即維纖肉瘤，同時也針對減少其他併發症的產生。

在提出預防針施打建議時，所有獸醫都應該遵循這些疫苗準則。在注射疫苗之前，所有的成貓或幼貓主人，都應該要跟獸醫仔細討論所有風險因素。並不是所有的貓每年都要注射所有疫苗。事實上，大部分的貓根本不需要每年注射，尤其是幼貓期已打過預防針，以及在那之後的幾年內都有追加施打年度疫苗。有些專家認為，在眾多的貓數量中，疫苗相關反應的真正風險只發生在少數貓身上。雖然這個說法也許是事實，但得到許多疾病的風險，小於嚴重疫苗反應的風險，尤其對室內貓而言，也是一個事實。對於是否要施打預防針的重要決定，這是一個風險與風險之間的衡量比較。所有幼貓和成貓都值得主人進行謹慎的風險分析，而且是固定重複進行風險分析，因為風險因素會隨著貓的生活而有所改變。

當然，施打疫苗以對抗傳染病，是所有的貓保持健康的不變事實。主人能為小貓健康所做的最重要一件事，是讓貓完全住在室內。和其他可能的做法比較起來，讓貓生活在室內，不管是只有一隻還是一群健康貓，都可以更加確保每隻貓可以健康享受牠們的九條命。

11

訓練完美的貓砂習慣

小貓和牠們的老祖宗一樣，是天生愛乾淨的動物。沒有貓會想要弄髒自己居住的區域，貓都是把握機會維持環境乾淨，這是貓基本的天性。那麼為何有這麼多幼貓，甚至成貓，會破壞規則亂大小便，即使只是偶爾為之？這是大部分的獸醫最常聽到貓主人提出的問題。愛貓人面對的最惱人問題之一，就是貓沒有固定地使用砂盆，這個問題甚至可能結束貓和主人之間的良好關係。

好的開始

我一手帶大許多幼貓，從出生到訓練使用貓砂，到進入成貓期。我相

信在理想狀況下，任何四到五週大、情緒正常的幼貓，都可以毫不費力完成使用貓砂的訓練。有些幼貓是在斷奶前接受母貓的訓練而會用貓砂，但我也見過許多沒有母親的幼貓，在沒有任何貓的教導下，學會用貓砂。把貓砂放在貓容易進出使用的地方，當貓需要解放時，不管是何種材質的砂，貓都會逐漸習慣使用。大部分的幼貓大約四週大就可以建立良好的使用貓砂習慣，不過我也見過三週大的小貓就會固定用貓砂。

有許多網路資源提供基本的訓練技巧，以建立良好的砂盆使用習慣。例如把砂盆放在容易進出的地方、保持乾淨（每天都要清貓砂）是一定要做到的。如果砂盆放在貓進出不易的地方，或是沒有保持乾淨，就算是訓練良好的貓，也會另找地點進行解放。很可惜的是，這個合乎邏輯的做法卻被很多人忽略。還有貓砂盆的空間要夠寬敞，大部分的貓需要足夠的空間，方便轉身去覆蓋排泄物。如果砂盆太小，逼得貓踩到自己的排泄物，天生愛乾淨的貓當然會開始排斥使用。許多貓喜歡有蓋子的砂盆，而且基於衛生和隱私的理由，我個人也建議這種砂盆，不過不習慣這種砂盆的貓可能需要時間適應。同時擺出有蓋和無蓋兩種砂盆，讓貓有機會學到有蓋砂盆的優點。不要把貓食和貓床放在砂盆附近，防止沾到排泄物的貓砂污染，這點是很重要的。*

---

*市面上有許多不同種類的貓砂供貓主人選擇。我個人喜歡條狀的木屑沙（通常是杉木或松木），因為味道很好聞，而且我的小貓都很快就適應願意使用。木屑砂不會如礦砂般在屋內留下痕跡，而且使用後會崩解成粉狀，不但可生物分解，而且也方便丟棄。電動貓砂盆通常需要使用凝結砂，也是可以。我從來沒有使用過水晶砂，但根據我的貓飼主的使用經驗，優點是可以良好控制異味。我並不推薦使用礦砂，因為有粉塵，而且可能會引起呼吸道問題，尤其是敏感的貓。

雖然理想的砂盆數量是一貓一盆，但高於這個數量也許是必要的，至少在一開始的時候。砂盆不僅要放在貓容易進出的地方，而且要放在人貓不常走動的區域。大部分的幼貓和成貓，都希望砂盆附近是安靜的。如果砂盆放在吵雜擁擠的地方，貓會不愛用。

　　而如果你的貓有了熟悉的大砂盆，裝滿乾淨的貓砂，而且放在安靜有隱私的地方，但有時候貓還是會在砂盆以外的地方解放，那該怎麼辦呢？

　　舉一個我培育的斑點貓（奧西貓）最近發生的例子。有一戶家庭跟我收養一隻十四週大的幼母貓，他們住在附近的小鎮，家裡已經有一隻六個月大的母貓，主人還有兩個年幼的女兒。我送出去的這隻小貓，在三週大時和同胎兄弟姐妹開始摸索使用砂盆後，從來不會拒絕使用砂盆。因為如此，在幼貓被收養兩週後，身為父親的主人致電我，詢問如何處理貓亂大小便的問題時，我感到十分意外。

　　我們聊了一會，我問到幼貓居住的環境。小貓和年紀比較大的貓相處的狀況如何？和他們兩個女兒相處好嗎？她們如何和小貓互動？我發現年紀大的貓很活躍，常常追著小貓跑。我還發現兩個小女兒有時候會為了小貓而吵架。在我安靜的家中被我一手帶大的幼貓，現在不再有同年齡的小貓作伴。相反地，牠現在處於一個陌生的、而且有時候緊迫的新環境。在這個新環境裡，小貓是最小、最弱的一員，小貓因此倍感困惑而且害怕，一點都不令人感到意外。

　　我提出一些建議，幫助小貓建立安全感以及受到新家的歡迎。這些建議包括在小貓的地位穩固前，不要讓年紀大的貓和小貓玩過頭；教兩個女兒如何和一隻沒有安全感的小貓互動，減少小貓的害怕。而且很顯然，融入新家的速度需要減慢才行。在接下來的幾個星期，這些建議效果不錯，

現在小貓已適應良好，開心地在新家生活。

不良貓砂習慣的其他原因

　　如同第 6 章所討論，室內生活是最安全的生活方式，但有時也會導致壓力的產生，讓貓出現不良的行為。幼貓從斷奶到進入新家，尤其容易出現分裂的行為。在這個轉換期間，進入新環境的困惑以及混亂，可能會讓貓忘記之前良好的貓砂習慣。

　　當一隻幼貓或成貓進入一個新家時，都需要一段時間調整情緒，以面對新地盤和家中其他動物。當幼貓或成貓已具備面對改變的自信時，轉換期會很容易就過去。但是，如果新家很吵很忙碌，即使最社會化的貓都很難接受新家。如果新家有年紀比較大、地位穩固的動物，特別是地位高的貓，適應新環境會更加困難。當你領養一隻幼貓或成貓時，新成員可能會面對相當的壓力。為了把壓力減到最低，同時降低不良行為出現的機率，要盡量讓小貓在新家中感覺受到歡迎，而且有安全感。大部分被領養的貓都可以在短時間之內，就適應溫暖的新環境，成為家中成熟快樂的成員。

　　不良的貓砂習慣也有可能是生病引起，例如膀胱問題，雖然這在幼貓身上並不常見，但絕不能完全排除這個可能性。特別是當幼貓很有自信，而且新家的環境很安靜，不會令貓受到威脅時，這時如果幼貓出現不良的貓砂使用習慣，更加不能排除生病的可能。如果不良貓砂使用習慣持續存在，或是貓似乎沒有胃口或活力，最好帶貓就醫。成貓如果尿在砂盆以外的地方，應該請獸醫檢查有沒有泌尿道疾病。如果你的成貓或幼貓吃乾飼料為主食，請立刻換成罐頭，以預防泌尿道疾病或腎臟問題。（見第 23

和 27 章）

如果你收養的小貓原本是浪貓，或是年紀很小，沒有得到使用砂盆的訓練機會，最好的方式是把貓關在一個小空間（浴室、小臥室或貯藏室），裡面擺上砂盆、床、食物碗和水碗，同時別忘了給貓一些玩具。小貓出來放風探索新家時，主人要在一旁監督，當你沒有時間觀察貓是否需要大小便時，把貓帶回去小房間。貓，即使是幼貓，都不喜歡弄髒牠們居住的區域。如果貓會在一個大客廳中亂大小便，那可能不會在小房間內這麼做，因為那是牠吃喝睡覺的地方。大部分的貓關在自己的小房間時，會有良好的貓砂習慣。一旦習慣被建立，可能要好幾天或更久，貓出來放風的時間就可以拉長。經過一段時間的訓練後，通常貓在想要如廁時，會回去使用貓砂盆。在如此限制空間的訓練下，如果貓還是出現不良的貓砂習慣，要帶貓去給獸醫檢查，以排除生病的可能。

貓最吸引人的個性是牠們愛乾淨的特性。這種特性深植在每隻貓的本能天性中。一旦建立起良好的如廁習慣，貓會一輩子維持這個習慣，你可以毫無保留地信任你的貓。

12

我的小貓應該結紮嗎？

毫無疑問，要確保你新來的小貓有健康幸福的貓生，最重要的步驟之一是帶貓去結紮，而且要在正確的時間點進行。公貓結紮是開刀移除陰囊內的睪丸，母貓結紮是開刀移除體內的子宮和卵巢，可以為寵物及其居住的環境帶來無限好處。許多動物組織，例如「美國人道社會組織」和「美國獸醫協會」，都強烈建議在小貓和小狗第一次發情前就結紮，通常是幼貓大約六個月大時。有些貓第一次發情的時間會比較早或晚，視基因和季節而定。

結紮的重要

在一九六○和七○年代，有些專家相信早期幫公貓結紮會導致尿道變窄。尿道是一條管子，將尿液從膀胱由生殖器輸出體外。尿道變窄被認為容易導致某些貓以後出現泌尿道阻塞的問題。我們現在知道早期結紮並不會使尿道變窄，即使貓是在六到八週大時就進行結紮。泌尿道疾病和阻塞的問題來自於其他因素，最明顯的因素是吃乾飼料；今天所有獸醫和貓福利團體，都認為幫年紀小的公貓結紮是安全的建議。

在公貓和母貓第一次發情前結紮，可以避免成貓期出現生殖器官癌症。包括乳腺癌（Mammary Cancer，即乳癌），一種相當惡性而且很難醫治的成貓癌症。如果貓是在完全性成熟後才結紮，對抗這些惡性腫瘤的保護力會大大降低。此外，六個月大以前結紮還可以預防令人困擾的發情行為，例如噴尿（沒有結紮的公貓和母貓都會噴尿），以及一旦性成熟時，發生在未結紮貓身上的奇怪性格改變。

◎參考資料：www.humanesociety.org/issues/pet_overpopulation/facts/why_spay_neuter.html

你最重要的責任

結紮小貓一個非常重要的理由是預防懷孕，避免製造出沒有人要的下一代，流落街頭或被抓入收容所。如果你去過一間收容所，裡面充滿沒有人要的貓和狗，而且大部分會被安樂死，因為可以收容牠們的新家太少，你就會知道那是一個多麼悲慘而無助的狀況。當你領養一隻收容所的無

辜動物時，你送出了一份很棒的禮物。確保沒有更多小貓因為人類的疏忽而來到世界，然後又被送進收容所，是一件更棒的禮物。當你帶回一隻新貓，送去結紮，從此開心地和你一起過生活，而不是拚命找機會往外跑，尋找伴侶製造出沒有人要的下一代時，你把這份禮物也送給了所有的貓。

舊思維相信母貓在結紮前「需要」生一次小貓，但其實不管對公貓還是母貓，生小貓都是絕對沒有好處的。事實上，藉由讓寵物生小貓，給小孩目睹「生命奇蹟」的機會，反而常常產生不良後果。在生產以及扶養小貓的過程中，並非一切都會很順利。有時幼貓天生帶有殘缺，或是第一次生產的母貓，不小心或故意弄死小貓，反而會給小孩造成心理創傷，而不是啓發。如果沒有足夠的好人家來收養所有貓，你可能得被迫把小貓送去收容所。這不但對小孩造成進一步的心理創傷，對小貓也是一場悲劇。教育小孩最好的方法，是讓他們知道結紮的好處，讓小貓沒有機會製造出無家的下一代。送貓結紮是貓主人最主要的責任，這件事的重要性是說再多也不夠的。

研究顯示，和未結紮的貓比較起來，已結紮的貓壽命多出好幾年。這是因為已結紮貓樂於享受室內生活而得到安全保障、疾病的預防例如癌症或是生殖道感染，以及已結紮貓穩定的、社會化的行為。和已結紮的貓比較起來，未結紮的貓不僅更常在街上遊盪，而且還比較容易被送去收容所或棄養，因為主人無法忍受貓的破壞惡習。

相反地，如果結紮程序是在一個信譽良好的醫療院所進行，幼貓結紮是不會有任何負面影響的。只要手術是良好的執行，即使很早就結紮也是很安全的。如果你是去收容所認養一隻小貓，當你帶貓回家時，毫無疑問小貓已經結紮了。因為過去幾十年來，收容所學到一個經驗，就是有些認

養人沒有在幼貓六個月大之前就送去結紮。經驗顯示太多這些未結紮的貓「一不小心」就生出一窩小貓，對已經擁擠的收容所一點幫助也沒有。為了確保已被認養的小貓未來不會生出源源不絕的小貓貢獻給收容所，在把動物送給認養家庭之前，救援團體和收容所都會先把貓結紮。你從這些機構認養貓時所支付的認養費，已經有包含這個重要手術的費用。

如果你不小心領養一隻沒有結紮的小貓，要帶貓去給獸醫檢查，當獸醫認為結紮時機成熟時，就預約好小貓結紮的時間。

預防已結紮貓過度肥胖

多年前獸醫早就注意到已結紮的貓比較容易過胖，這個結果是來自於活動力和荷爾蒙的改變。以前過胖被認為無法避免，但其實所有的貓都可以很容易預防過胖（見第 20 章）。雖然已結紮貓的體內確實出現真正的變化，但幾乎所有已結紮貓都會過胖的真正幫凶，是食物中的高碳水化合物。大部分的人步入中年時，會因為新陳代謝的改變而胖個幾公斤，已結紮的貓也是如此，儘管生活型態並沒有明顯的改變。但貓變胖是因為吃下很多高碳水化合物的垃圾食品，這些食物以乾飼料的形態出現。這種充滿不必要的「碳水卡路里」的差勁食品，貓的身體似乎可以忍受，就好像人類青少年的身體也可以忍受垃圾食品一般。然而，一旦新陳代謝改變，已結紮貓的身體就失去這種容忍度，食品中的高碳水化合物開始造成體重上升。

在我的執業生涯中，大部分第一次和我見面的成貓體重都是過重的，而且很多是病態的過度肥胖（胖到影響健康）。這些貓都擁有相同的歷

史，就是結紮後體重慢慢增加。在我所有過重的貓病患中，全部都是從幼貓時就開始吃乾飼料，結紮後依然繼續吃。當已結紮的成貓吃的是低碳水化合物的食物時，這種破壞健康的體重增加就不會發生。即使尚未結紮的幼貓，在進行節育手術前就開始餵罐頭或生肉餐，也是一個好做法。如此一來不但可以減少結紮後換食物的需要，而且可以立刻開始預防過胖。

　　無論你幫你的已結紮貓選擇何種濕食，都不要再繼續以吃到飽的方式額外餵乾飼料。這是很多主人會犯的錯。貓並不需要像牛一樣無時不刻在吃草。貓自然的進食行為並非是隨時有食物吃，而是只有在成功捕獲獵物時才有食物。住在野外的貓，並非時刻都在進食，而是只在有能力捕獲獵物時才進食。一天餵兩餐濕食，每餐分量大約 80 至 100 公克，足以合理模擬野外貓的進食模式，而且可以讓貓終生維持健康的體重。

13

救命！我的小貓亂抓家具！

僅次於亂大小便的問題，我的貓病患的飼主最常抱怨的是貓抓壞家具、窗簾以及其他家中物品。有時候這種抱怨是來自老人，或是身患免疫力受損疾病的貓主人，他們禁不起被貓爪抓到的風險。不管是何種狀況，要不要幫小貓去爪這件事，充滿道德與實際的考量。

要不要去爪？

首先我要說基於許多理由我反對幫貓去爪。最強烈的理由之一是，我相信所有的貓都可以被訓練不要亂抓家具。一個願意訓練貓的主人，被逼得在擁有貓以及完整的家具之間做選擇，是很少見的狀況，因為多數貓是

受教的。我沒有幫我的貓去爪，而且跟我領養貓的人得簽一張同意書，保證永遠不會把跟我認養的貓帶去做去爪手術。當貓飼主詢問我對去爪的看法時，我總是說這只是幼貓一個階段性的短暫行為問題，並且強烈建議去爪手術的替代選擇。

四到六週大的幼貓，天生的探索行為之一，包括用爪子去試探環境中不同的材質。在這段期間，小貓學到如何使用爪子進行攀爬、防身、玩玩具，和磨利爪子以備未來需要。固定幫貓剪指甲，可以大大減低亂抓帶來的破壞。前腳的指甲一週至少剪一次，可以讓指甲保持在鈍的狀態，而且訓練小貓乖乖接受剪指甲的過程。如果你對自己幫貓剪指甲沒有信心，請你的獸醫教你，然後固定練習。成功掌握剪指甲的技巧，可以拯救你、你的貓和家具，遠離無法衡量的慘狀。

主人同時也要提供替代選擇，滿足貓天生磨爪的需要。在家裡四處擺上纏麻繩的貓抓柱。貓也喜歡抓地毯，所以提供舖地毯的貓樹，把貓的注意力從家具移開。除此之外，當貓去禁區磨爪時，嚴厲跟貓說「不可以」也很有用。貓通常不喜歡人類的不認同，只要主人的不認同不包括體罰，就不會造成貓的心理恐懼，或是引起兇狠的行為。

我家有很多貓，年紀大小不一，而且我從不限制貓使用我們所有的家具。儘管如此，我家最舊的家具依然狀況良好，不過隨處可見小撮被抓下來的纖維倒是真的，那是貓磨爪實驗的證據。我固定幫貓剪指甲，家中有很多高高的、舖著地毯的貓樹。我還發現貓喜歡抓布面家具多於皮面家具。皮面家具的光滑表面比較不適合用來磨利貓爪，所以我的家具大多是皮製品。皮製品也比較耐髒，這對被動物（以及小孩和懶人）圍繞的人來說是另一個優點。

除了家具以外，當然主人也要阻止小貓抓人。曾有貓飼主跟我抱怨，說小貓常常在玩的時候抓主人，後來才發現其實是家中其他成員和小貓玩的時候，動作太粗魯。跟貓玩的時候，要避開貓會伸出爪子和咬人的玩法。小貓最重要的訓練課程之一，是要學會不可以咬人和抓人。如果主人有時候接受貓粗魯的玩法，有時候卻不接受，貓是永遠學不會不可以咬人和抓人的。貓和動物同伴之間粗魯的玩耍或是假裝打架是自然的，但抓人和咬人絕不能被允許。當貓和人玩耍出現太粗魯的行為時，不但要立即停止，而且要用嚴厲的口氣跟貓說：「不可以！」小貓會很快把這個牠不想看到的結果和壞行為連結在一起，而不再出現壞行為。

　　在幼貓成長過程中，透過種種訓練，包括固定剪指甲、提供很多貓可以磨爪的區域、在不被允許的磨爪區域磨爪時嚴厲制止等等，可以教出一隻有良好磨爪習慣的成貓。幾乎所有被如此訓練的貓，都不需要面對是否要去爪這個問題。偶爾會有極少數的貓有特別頑固的磨爪傾向，教也教不會，有一種產品叫指甲套或許可以解決問題。這種指甲套材質是軟塑膠，用膠水黏住的方式套在動物修剪過的指甲上，不會造成動物的不適，而且可以持續好幾個星期，黏性失去時再用膠水重新黏回即可。如果家中有免疫力受損疾病的成員或是老人，不能承受被貓爪抓到的風險，我覺得這個產品很有用。通常貓要被帶到寵物美容院或是獸醫院黏上這種指甲套，但是如果主人對貓很有一套，也可以試著自己在家中進行。

　　去爪手術有好幾個不同的方式。所有的方式，即使是最新的雷射方式，而不是用手術刀，都會對貓爪造成痛苦和破壞。在經過所有的努力杜絕亂磨爪的行為之前，絕對不能輕率決定做去爪手術。有時候對某些貓而言，這些努力包括幫貓找一個新家，一個比較可以容忍不良行為的家。

今天社會普遍不認同貓做去爪手術，這是正確的。而這股不認同也促使狗主人重新思考，長久以來的修剪耳朵和其他整型手術的傳統，是否有繼續存在的必要。如同我們有責任餵貓最合適的食物，而不是最方便的食品，在考慮要對貓的身體做出重創的行為，以滿足人類需要時，我們也有義務要負起該負的責任。

◎參考資料：www.marvistavet.com/declawing-and-its-alternatives.pml

14

玩具和零食——用正確的方式寵愛貓

對喜歡動物的人而言，沒有比跟小貓玩更開心的事了。小貓有用不完的精力、身手矯捷、好奇心十足，給家中成員帶來無限歡樂。和小貓玩還有另一個重要的理由。住在室內的貓——事實上家貓都應該養在室內——如果環境中缺乏刺激貓的好奇天性和玩心的事物，貓生會陷入枯燥的無趣之中。在戶外，有數不清會移動的、啾啾叫的、窸窸窣窣的目標，供貓追逐探索。住在安全舒服家中的貓，缺乏那些戶外的生活體驗，無法自然培養出愛玩有自信的性格。貓和人一樣，只有部分的聰明才智是與生俱來的，大部分室內貓的外向個性，以及與環境互動的行為，必須透過「豐富」環境來培養。

為你的小貓製造生活樂趣

　　大部分已出版的資料，關於為圈養動物豐富居住環境的重要性，都是針對住在動物園或是研究機構中，供研究之用的動物。關注這些動物特別的棲息地需要當然是應該的，但被「圈養」在家中的貓，也需要得到主人這方面的關注。室內貓給人的既定印象大多是像加菲貓那樣，很胖、很懶，除了睡覺吃飯以外，對任何事都提不起勁。雖然這個既定印象沒有錯，但並非必要。沒有一隻小貓一定要長大成胖貓、不愛動、不參與家庭互動。關於食品造成貓過胖這個問題，我會在別的章節討論。活躍的生活型態讓貓終生維持適當體重，是無庸置疑的重點，但其實適當的飲食才是保持健康最重要的關鍵。關於這個問題，第 20 章有更多說明。

　　豐富小貓的生活環境，並不只是幫助貓燃燒熱量而已，更重要的是維持小貓對家庭生活的興趣以及參與度。要提供這個重要的生活刺激並不困難，也不會很花時間。

　　如果你觀察一群小貓之間彼此的互動，你會注意到許多與生俱來的不同行為模式。在沒有被教導的情況下，小貓在容許的空間中玩鬧，通常速度極快。牠們探索地盤，而且往往是重複地探索，想要知道在之前的探索後，有沒有出現什麼新奇的事物。牠們跟同儕（年齡相仿的小貓）一起玩耍，通常是玩鬧式的打架，齜牙裂嘴而且還露出爪子去抓敵人。在這些玩鬧的打架中，有輸有贏。沒有打架時，牠們也會在地盤中互相追逐，有時是主動去追貓，有時被追。

　　小貓彼此之間也喜歡玩捉迷藏。任何大型物品都可以當做藏身處，躲在藏身處後面或裡面，等待沒有戒心的敵人或獵物出現，出其不意地跳出

來攻擊。在彼此追逐打架的過程中，小貓發現有些物體拍打後會滾動，進而追逐該物體。常常所有的小貓會加入追逐這個滾動的「獵物」。小貓兇猛無比地攻擊沒有生命的物體，從中建立自信與安全感。

即使是獨自成長的小貓，也會以人類或狗為替代玩伴，培養這些技巧。這些行為完全是模擬野生小動物之間的玩樂模式，為進入成年期做準備，以具備獨自生存的能力。室內貓在幼貓期學到的種種防身技巧，長大後完全派不上用場。室內貓不需要逃離攻擊者，不需要狩獵來準備早餐或晚餐。然而，在室內貓的靈魂中，保持警戒和維持敏捷的動力依然存在，小貓必須在室內環境中，找到一個可以發洩的出口。認真勤奮的貓主人的主要責任之一，就是營造一個可以引出貓這些自然天性的環境。

豐富貓居住環境的重點，是給貓許多各式各樣的玩具。令人開心的是，這個世界充滿了各種你想像得到的貓玩具，包括運動飛輪（是的，有些貓願意去用，而且似乎還蠻喜歡跑步的）；給貓看的影片，讓貓可以從螢幕上看到和聽到鳥、松鼠以及其他可能的獵物；雷射筆，貓可以追逐地上和牆上的神祕紅點，玩上好幾個小時。我的貓喜歡簡單的玩具，例如綁著彩帶的逗貓棒；但牠們也愛比較複雜的玩具，例如會像小型獵物般移動的電動玩具車。有些貓喜歡貓草包。如果你用電腦上網搜尋「貓玩具」，你會發現有無數的網站，提供令人眼花撩亂的貓玩具選擇。

我個人尤其喜歡一種空心塑膠玩具球，因為可以打開後把點心放在球裡面。當球在地面滾動的時候，裡面的點心就會掉出來。貓在玩球時，可以學到如何獲得點心。小貓學會玩球以成功獲得點心的速度總是奇快無比。關於點心的選擇要做個提醒。雖然乾飼料很適合放在玩具球中，但不要用以穀物為基底的乾飼料當做貓點心。所有的貓乾飼料品質都很差。我

用小塊冷凍乾燥的肉，例如雞肉、魚或牛肉（請見下一節「小貓可以吃『糖果』嗎？」）當作點心。只要處理成適當的大小，這種純肉點心也可以放進玩具球，並且隨著球的滾動而掉出來，避免讓貓吃下一堆垃圾食品。

有一點要特別注意的是，小貓可以吞下很小的球或是彈珠之類。不要給小貓體積太小的玩具，以免在玩耍的過程中玩具被吞下去。也不要給毛線或繩子之類的玩具，因為小貓可能會吃下去，造成必須以手術的方式取出，狀況嚴重的還會致命。雖然貓比較不會像狗那樣把玩具「吃下去」，但是我有幾次開刀的經驗，取出貓胃或是腸道中的小玩具或繩子。關於如何安全玩耍，你的獸醫可以給你很好的建議。

除了玩具以外，在貓居住玩耍的區域中，提供高高低低的地方以供休息，讓貓可以「躺著等」，也可以給貓的生活增添變化和樂趣。和速食餐廳中提供的多層次兒童遊樂區一樣，理想的小貓生活遊戲的區域，也要有很多大大小小的縫隙和角落，讓貓可以學習駕馭有變化的環境，長成有自信的成貓。如果可以，在家中擺上不同高度的貓樹。這麼做還有另一個好處，就是把貓從家具引開。我個人的經驗是，提供其他更多有趣的、吸引貓去休息玩耍的地方，貓待在沙發或桌椅的時間就會減少。

豐富環境最實際的做法，就是購買或建造一個模擬戶外的室內棲息地。也就是說在屋子旁邊，架設出一個貓可以享受戶外生活環境的封閉區域。讓貓可以從家中的一道小門，隨意進出這個休息放鬆的地方（當然在天氣許可的狀況下）。我見過一些很棒的設計，市面上也有一些很好用的組合式材料可以選擇使用，網路可以找到很多相關資訊。不管你家多大，就算是住公寓，只要有陽台或露台，都可以幫你的室內貓營造出一個自由、安全、可以隨意進出的戶外世界。

花時間和你的小貓相處是必要的。雖然玩具和貓樹對豐富環境很重要，但是小貓玩耍時，人類的溫柔陪伴是無法被其他物品所取代的。貓是習慣性的動物。如果小貓習慣和許多不同的人有長期愉快的互動，尤其是遊戲的互動，長大後還是會喜歡這種互動。小貓如果沒有習慣人陪伴玩耍，長大後也會習慣自己玩。如果你希望一隻從小沒有人陪伴注意的小貓，長大後不孤癖不害羞，這樣的期待並不合理。

　　最後要說的是，如果小貓有其他貓作伴一起成長，我相信會是最幸福的。有貓作伴一起長大，小貓的性格獲得充分的發展，而且白天被留在家中時，也不會感到孤單。如果接回新小貓時，家中已經有一隻年紀比較大的貓，兩貓可能會變成好朋友。年紀大的貓可能會有一段短時間不願接受小貓，但是誰抗拒得了古靈精怪的小貓呢？即使是戒心最重的年長貓，大部分的小貓都能輕易化解年長貓的心防，給雙方帶來好處。介紹新的貓成員給家中年長貓時要有耐心，在貓與貓之間建立起友誼、可以互相舔毛或是遊戲睡覺之前，先不要在沒有人監督的狀況下，讓新貓和年長貓接觸。人類有和他人互動的渴望，貓也是。

小貓可以吃「糖果」嗎？

　　兒童每天都可以吃到糖果和零食，那麼小貓也可以吃「點心」嗎？人透過食物表達感情是事實，而且人喜歡餵寵物吃點心來表達感情。餵點心可以是有害的，也可以是有益健康的，看你餵的是什麼點心，以及餵的頻率。

　　寵物食品店內擺滿貓愛吃的各式各樣零食，很可惜的是，幾乎所有

貓零食都是對貓健康有害的。如同先前所提，充滿高度加工的碳水化合物的食品，並不適合絕對肉食動物的貓食用，用這種食材做成的貓點心，當然不是好選擇。有些人會反駁說，偶爾吃一些碳水化合物並沒有關係，畢竟，我們人三不五時也會吃一些對身體不好的食物，不是嗎？沒錯，我們自己也會吃品質不好的食物，但不能拿這個來當理由，餵貓吃牠們天性不會吃的食品，特別是如果有其他更健康的選擇存在。而更健康的選擇**確實**存在。我自己的貓就很愛吃冷凍乾燥的純肉點心，而且我也推薦我所有的貓飼主餵這種點心。這種冷凍乾燥的點心都是純粹的熟肉，沒有人工色素、調味料、鹽，也沒有加入任何碳水化合物以製造酥脆的口感。純肉點心的酥脆度來自肉本身冷凍乾燥之後的關係。這種點心適口性很好，有些貓主人開玩笑說那是「貓毒品」，因為貓太愛了。

有好幾家廠商在賣這種純肉的貓（和狗）點心，網路上也可以買到。和一般乾飼料類的點心比較起來，純肉點心也許比較貴，但這種點心養分很高，貓不需要吃多就會很滿足，也不會干擾小貓正在學習的良好飲食習慣。可以拿來當作行為良好的獎賞，或是遊戲時間用來增添樂趣（讓貓踢肉乾玩耍追逐），甚至在旅行不方便餵平常的食物時，這種點心也很好用。

我們都知道健康的幼貓，長大後會變成開心、健康、適應力良好的成貓，成為備受家人疼愛的成員，而且會陪伴我們數十年。只要你付出一點小小的創意和努力，就可以讓你的貓變成一隻無可取代的長壽寵物。

15

如果小貓生病或受傷，該如何處理？

當你的小貓好像生病或受傷時，毫無疑問你的獸醫是最好的資訊以及協助來源。和人的小孩子一樣，幼貓容易感染一些特定的疾病，或是在探索環境的過程中受傷。在緊急狀況發生時，飼主就知道要注意些什麼，以及如何處理，可以帶給貓最大的幫助。以下的建議並不是想要取代你的獸醫的協助，而是就關於何時該帶貓就診，幫助飼主做判斷。

我的小貓生病了嗎？

「胃著涼」的症狀

健康幼貓的正常行為是好動、胃口好、大小便正常，而且生長速度

快。然而，即使是健康的幼貓，有時也會「關機」一下。如果小貓有一兩天睡覺的時間比較長，但胃口和排泄都正常，是不需要大驚小怪的。就算偶爾胃口時大時小，如果只是持續個一兩天，也不用太擔心。但是如果以上所提的不正常狀況持續的時間較長，有可能是小貓的身體有些不對勁的徵兆。

小貓很少嘔吐，而且絕不會反覆嘔吐，除非身體不對勁。寄生蟲、腸胃道的病毒或細菌感染、中毒、或是腸胃道阻塞，都有可能造成小貓頻繁嘔吐。以上這些狀況都需要就醫，小貓才可能恢復健康。如果你的小貓在短時間內嘔吐一到兩次，但胃口和活動力都正常，那麼嘔吐的症狀可能會自行消失。小貓嘔吐時，不要隨便投以開架式販賣的成藥，就算是處方用藥也要在獸醫許可後才能服用。如果小貓反覆嘔吐，沒有精神和胃口，而且幾個小時內狀況沒有改善，請馬上就醫，如果是在診所營業時間之外發生，請帶去夜間急診。

和嘔吐一樣，小貓腹瀉也是一個非常不明確的症狀，因為許多大大小小的疾病都可能出現腹瀉。如果腹瀉只出現一次，有可能是消化不順暢，症狀會自行消失。但是如果腹瀉的時間持續，而且超過十二個小時，必須帶小貓就醫，同時還要預防因為水分和電解質流失，所造成的脫水和身體虛弱。如果出現帶血的腹瀉，要立刻就醫。去醫院時，如果能夠帶著糞便採樣最好，因為可以幫助獸醫正確診斷以治療。

如果小貓一整天都不願進食，那就是生病了，除非小貓拒吃的是新食物。就算是如此，小貓完全沒有胃口是一件很不尋常的事，即使只是短時間。小貓不願吃東西時，可以餵一些肉泥狀的人類嬰兒食物，用很好吃的食物來測試小貓的胃口。基本上小貓都很喜歡嬰兒肉泥。如果連這種好吃

的食物都被拒絕，盡快帶貓就醫。如果沒有胃口，而且伴隨嘔吐以及／或是腹瀉的症狀，那麼一樣請不要遲疑，立刻帶貓就醫。

只是有一點「頭部著涼」？

幼貓很容易就得到上呼吸道感染（簡稱 URI），就和人類小孩一樣。即使已經打了預防上呼吸道感染的疫苗，還是有可能會出現打噴嚏、鼻塞、眼睛有分泌物等典型症狀。那是因為有許多微生物會造成上呼吸道感染，而目前並沒有針對這些微生物的有效疫苗。那麼當小貓著涼時，你該怎麼辦呢？

雖然許多小貓著涼是因為病毒感染而非細菌，但病毒感染造成的上呼吸道問題，卻有可能會誘發續發型的細菌併發症。因此，使用適當的口服抗生素來治療上呼吸道感染的貓，是明智的做法。出現臨床症狀的幼貓當中，只有少數會自行痊癒。事實上，如果沒有加以治療，有些幼貓的症狀會加重，甚至死亡。有些沒有治療的幼貓會變成長期的慢性感染，終其一生都會斷斷續續出現上呼吸道感染的症狀。當我的貓病患出現上呼吸道感染的症狀時，我從來不會採取先觀察看看的做法；我總是在診斷排除其他病因，確定是上呼吸道感染後，開出十天份的抗生素處方用藥，例如可牧定（Clavamox，審譯註：譯名為大陸用名，該商品名登記為動物用藥，台灣未能進口，但有進口等同的人用抗生素安滅菌〔Augmentin〕）或是阿奇黴素（日舒錠）。

空氣或環境中的刺激物，當然也可能造成小貓出現持續打噴嚏的狀況。如果你的小貓打噴嚏的時間持續一到兩天，特別是在多風的日子，但是卻沒有出現眼睛分泌物或鼻塞，而且胃口正常，可以等幾天看症狀會不

會自行消失。如果你看到貓活動力下降、沒有胃口，或是有明顯的分泌物或鼻塞，請立刻帶貓就醫。

　　除了用抗生素治療上呼吸道感染外，我建議我的貓病患飼主採用噴霧治療，一天三到四次，每次大約十分鐘。過程和用噴霧治療鼻塞的兒童一樣。小孩用的機器也可以拿來給貓用。把小貓放在一個小房間或是籠子裡，噴霧器製造出來的水蒸氣，可以有效解除鼻塞、讓鼻腔暢通、清除下呼吸道內的細菌和黏液。切記不要過度使用噴霧治療。每次進行時，不要讓幼貓在蒸氣中待超過十到十五分鐘。我通常會提供無菌的生理食鹽水，搭配稀釋的茲泰新（Gentocin，審譯註：為商品名，藥名是 Gentamycin）濃縮液（濃度是 2 毫克／毫升），加入噴霧劑中。可以針對被感染的鼻腔提供額外的抗菌保護。一般的生理食鹽水也可以使用。請教你的獸醫，瞭解哪一種生理食鹽水最適合用來做噴霧治療。

嚴重的呼吸道疾病

　　有時候小貓會出現嚴重的呼吸困難，可能是因為嚴重上呼吸道感染、肺炎，或是其他嚴重的疾病，例如先天性心臟問題，或甚至可能是腹膜炎（見第9章）。只要小貓開始出現呼吸急促、吃力，或是不停喘氣的症狀，都必須立即就醫。不管是什麼病因，只要有出現這些症狀都不能視而不見，因為症狀不會自行消失，而且可能會致命。嚴重呼吸道感染而引起的肺炎是可以治療的，雖然得到肺炎的幼貓的確是很嚴重的狀況。因為先天性的心臟問題而影響到呼吸道，通常預後不良，而且不管是什麼原因造成胸腔積水，如果有任何治癒的希望，都要立刻接受治療。

中毒

　　和小狗或是學步中的小孩比較起來，小貓比較不可能吃進家用的有毒化學物品，雖然有些常見的化學物品味道很好聞，例如防凍劑，可能會對小貓造成吸引。小貓在玩耍時不小心吃下泰諾（Tylenol，一種止痛藥），或是其他人服用的止痛藥，這種狀況偶爾會發生。所以這類藥物要放在所有寵物和小孩都拿不到的地方，因為可能會致命，即使是小劑量。如果你懷疑你的小貓可能吃下任何處方用藥，或是開架式販賣的成藥，包括人或其他動物吃的營養品，請立即就醫。只要及時治療，大部分的藥物中毒是可以治好的。

　　戶外貓可能會接觸到老鼠藥或是殺蟲劑。最佳的預防方式就是不要讓貓外出，除非外出時有人在一旁嚴格監督。貓的天性是把自己舔乾淨，所以如果貓毛或貓腳不小心接觸到有毒的化學物，例如家用清潔用品，貓可能會在理毛時把有毒物質吃下去。絕對不要把化學粉末或液體，灑在你的貓會不小心經過、吸入或打滾的地方。當你在任何貓可能會接觸到的物體表面使用清潔劑時，例如地板和流理台，一定要把清潔劑徹底清洗乾淨。如果有早期發現和治療，大部分此類的中毒都可以成功治好。一定要告知你的獸醫，在貓居住的環境中，有哪些有毒的化學物質存在或被使用，不管是在室內還是戶外。

　　就我個人的經驗，最常造成幼貓中毒的是家中植物。任何種類的百合，小貓只要去咬到葉子或花，就會中毒。許多其他毒性很高的植物，普遍被拿來當作居家裝飾品，而小貓喜歡咬家中的綠色植物。咬植物不僅可能對貓有致命的危險，對植物本身也是不好的。我已經放棄在室內

擺放活的植物，家中只有人工的、絲質的植物。我的診所也有很多漂亮的植物擺飾，但全是絲質品。絲質植物引不起貓的興趣，就算偶爾被診所內的貓咬到也不會變形。絲質植物的壽命比真的植物還要長，而且只要偶爾擦一下就乾淨明亮又漂亮。如果連人工植物都可以吸引你的貓，考慮不要擺或是移到貓不會去的地方，包括真的或是假的耶誕樹。

突如其來的反覆嘔吐，或是極度憂鬱沒有精神，可能表示小貓中毒了。如果你看到這些症狀，請立刻和獸醫連絡。快速地在小貓的生活環境中，尋找有沒有任何可能被貓吃下去的植物或物品，這在幫助獸醫找出真正問題時，是極有幫助的線索。

受傷

小貓是十分敏捷的生物。雖然牠們喜歡從高處往下跳，在家中恣意玩耍，但比較不會像小狗那樣因為從高處落下，或是撞到家具或牆壁而受傷。即便如此，在某些特殊的狀況下，小貓的四肢還是有可能會拉傷、扭傷或骨折。如果你的小貓突然跛行，而且連續好幾個小時，或是身體任何部位有流血，或極度疼痛，都要立刻帶貓就醫。撕裂傷可能會引起感染，重傷造成的傷口流血如果沒有注意到，可能會造成失血過多，因為幼貓體型很小。

幼貓或成貓受傷大多發生於戶外。汽車意外和來自其他動物的攻擊，是最常見的戶外貓重傷原因。幼貓可能偶爾沒有算好地面的距離，導致從戶外高處跳下時受傷，結果造成骨頭碎裂或移位。成貓幾乎不會犯這種錯誤，不過任何貓都有可能在逃命過程中受傷，像是當牠們急急地穿越或跳

過籬笆、陽台、樹木等等。

　　經歷過一場戶外探險後，和其他貓打架留下的傷口，可能要過一段時間才會化膿。傷口因爲化膿而腫脹疼痛，或是膿包破裂導致傷口滲水。一旦發現膿包要立刻就醫。不要讓幼貓或成貓外出，對於預防意外的發生，這是一個我們可以採取的最重要措施。如果懷疑貓受傷，可以先去電詢問醫生有無就醫的必要。幼貓恢復力極佳，如果受傷通常可以很快痊癒，但是可能需要幫助，才能徹底且快速地復元。

　　主人的警覺性是最重要的貓健康助因。就跟人的小孩一樣，如果小貓要健康快樂安全地長大，牠們需要每天都得到細心的照顧。

16

我撿到一隻小貓，該怎麼辦？

常有人來找我，說他們在家附近或是進行日常活動時，撿到一隻落單的小貓，問我該怎麼辦才好。這些好心人把貓帶回家，但卻不知道如何照顧小貓。街上有很多流浪的懷孕母貓，所以這種狀況太常見了。可能是貓媽媽死亡或是到別處遊蕩，脆弱的新生小貓因此被拋棄；如果沒有被好心人撿到，新生小貓通常沒有活命的機會。還好很多貓咪救援團體中有對貓付出很多的愛貓人，擁有豐富的照顧幼貓的經驗。這些團體樂意提供協助。很多寵物美容院、寵物食品零售店和獸醫診所，都可以提供所在區域的動物救援團體的聯絡方式。

我該從何開始？

如果小貓相當有活力，那麼把小貓照顧好救貓一命的機會很大。如果已經開眼，表示小貓至少有九到十四天大，辛勤照顧存活希望不小。如果還沒開眼，而且體重低於八五到一○○公克，要把貓救活會比較吃力，但並非不可能。奶貓一旦離開溫暖的環境會無法維持體溫，這個環境通常是母貓的體溫。所以奶貓需要溫暖的毛毯、熱水瓶，或類似的物品以保溫。使用傳統的加熱墊要很小心，因為很容易過熱而造成小貓死亡，因為是用電加熱，變成過度溫暖。奶貓容易受傷，是因為無法移動離開加熱墊。如果這種加熱墊是你唯一的選擇，可以在上面鋪好幾層毛巾或毛毯，預防過熱。把保溫的裝置和墊子放在盒子或其他容器中，預防小貓因為移動而離開保溫的位置。

接下來最重要的物品是食物和水。有很多種貓奶替代品可以選擇。牛奶不是好選擇，因為養分和貓奶極為不同。羊奶常被使用，而且似乎可以提供奶貓成長所需。我比較喜歡市售貓專用的奶粉，因為多數的寵物店都有在賣，而且成分接近貓奶。貓奶粉比較經濟實惠，保存和使用都很方便。市售貓奶粉有不同品牌，同時標明沖泡時奶粉和水的比例。幼貓兩週大以前，每天要喝的奶量是每盎司（約二十八公克）的體重，要喝一到二茶匙的貓奶粉，第三週開始奶粉量要提高百分之五十。每天的喝奶量應該分成五到八次餵食。貓越小，餵食的量就要越少，少量多餐。

寵物店也有許多不同的貓奶瓶可以選購，都很適合用來餵小貓吃奶。我個人喜歡細長型的奶嘴，而不是寬短型的，因為前者比較好用。跟餵人的小孩喝奶一樣，餵奶貓時要確定奶嘴出奶量不會太大，但要讓貓容易

吸吮到奶水。如果貓要很費力才能吸到奶，貓會很累而不想吸。而如果奶嘴出奶量太大，貓可能會喝到滿口奶而嗆到。奶嘴出奶量的大小要根據貓的年紀和體型做調整。最好每隔幾天就幫小貓量體重，確定體重有穩定增加。

如果你有單位是公克的廚房用秤，可以拿來量奶貓的體重，就算只是增加或是減少個幾公克，都可以很容易發現。新生小貓體重大約是七五到一一〇公克，兩週大時體重應該要增加一倍。一個月大的小貓體重應該是大約四五〇公克。基本上，滿月之後的小貓每月的體重大約要增加四五〇公克。

幼貓大約三週大時（如果出生日不詳，那就是體重大約二二〇到三三〇公克之間），應該開始讓貓學習吃固體食物。肉泥狀的嬰兒食品，或是市售幼貓吃的罐頭或妙鮮包都可以吃。可以在這些食物中混入一些貓奶粉，給貓熟悉的口感。把食物放在淺盤或淺碟子上（要小貓把臉埋入深碗牠們會有戒心），先把少量的食物放在貓的上唇，誘導貓去舔食物，也許小貓會立刻對新的可口食物有興趣。如果要花好幾天才能讓小貓自己進食，也不要擔心。在餵奶之前先餵新食物，在肚子餓的狀況下，小貓會比較願意吃新食物。不管何時，只要小貓拒絕吃任何食物，都要立刻就醫。

幼貓的清潔工作

母貓每天都會舔幼貓的尾部好幾次，以清除貓的排泄物。奶貓通常無法在沒有刺激之下自行排便解尿。還好要代替母貓執行這份工作並不困難。只要用沾了溫水的棉花球或軟布，輕輕按摩奶貓的肛門和生殖器，貓

就會排便解尿。這個過程每天要進行數次。奶貓每天都會小便數次，大便則是大約每天一到三次。大便顏色應該是淺淺的黃橘咖啡色，硬度類似布丁。

幼貓大約三週大時就可以訓練使用貓砂盆。很神奇的是，大部分的小貓似乎都知道貓砂盆的作用，即使沒有母貓在旁親自示範。不論年紀多大，貓都是天生愛乾淨的。一旦幼貓成功使用貓砂盆一到兩次，你這部分的責任就算結束了。砂盆要保持乾淨，讓貓容易進出，貓就會繼續去使用。在把食物從液態轉成固體的過程中，有些幼貓可能會腹瀉。如果腹瀉的狀況持續，或是大便變成水狀，必須去請教獸醫如何解決這個問題。有許多藥品可以治療這個問題。在這個階段，或許該為貓驅蟲。造成斷奶貓軟便的常見原因是寄生蟲。

幼貓六到八週大時，如果成長狀況一切良好，可以跟獸醫討論要打什麼疫苗以及何時施打。關於疫苗，第 10 章有更多說明。下一章會討論到，罐頭是幼貓成長過程中理想的食物選擇，進入成貓期也是一樣。就我個人帶大好幾百隻幼貓的經驗，任何年紀的貓都不適合吃乾飼料。

飼養奶貓可能充滿樂趣，也可能有許多挫折與困難。如果奶貓狀況不是很好，照顧貓可能會是一件壓力很大的事，甚至讓人傷心難過。不過，任何曾經完成這份重要工作的人都可以跟你說，幫一隻被遺棄的小貓重新找到未來，是一件很有成就感的事，而你也會以自己為榮，因為你的愛與付出，讓一隻小貓獲得了新生。

【 第 三 部 】

年輕成貓的燦爛時光

17

貓長大了——該餵什麼食物？

小貓現在長大了，你可能在想是不是該做些什麼改變，好讓你這位進入成年期的特別朋友跟幼貓期一樣健康。當然你得帶貓去結紮，如果你還沒有這麼做。每年還要帶貓去給獸醫做一次健康檢查。你可能會覺得或許這個階段，食物也該做一些調整，但其實沒有必要。野生的幼貓長大後還是獵捕相同的獵物，所以你的年輕成貓只要繼續吃幼貓期吃的高蛋白質、低碳水化合物的食物即可。如果你目前是餵貓吃乾飼料，那麼該是轉吃健康食物的時候，以確保健康的貓生。

生命階段概念的謬誤

多年來，寵物食品公司以「生命階段」為概念，行銷他們製造的乾飼料和罐頭。根據這套理論，幼貓需要特定的營養成分（包括蛋白質、脂肪、碳水化合物、維他命和礦物質），成貓需要不一樣的營養成分，而老貓又是另一套不同的營養成分，以維持最佳健康狀態。這個概念被廣為接受，或者至少沒有遭遇到獸醫營養專家的反對。如此被廣為接受是一件令人很意外的事，因為在貓食和貓本身的特性上，你可以看到許多明顯的矛盾之處。

在野外，不管是小型還是大型貓科動物，都沒有隨著年紀的增加而改變食物中的營養成分。所有貓科動物一旦斷奶之後，便跟著吃成貓捕獲的獵物，例如小型哺乳動物、鳥、蜥蜴、鳥蛋、昆蟲，諸如此類。幼貓跟著成貓一起吃，或者吃成貓吃剩的。在貓的一生中，年輕貓和老貓捕獲而吃下的獵物並沒有什麼不同。貓的食物確實會隨著時間的過去而轉變，不過那是環境中可供選擇的獵物增加或減少的緣故，跟貓年紀完全無關。

我們知道幼貓自然吃下的養分，和成貓的食物養分是完全一樣的。畢竟，不管是被年輕貓或老貓抓到而吃下，一隻老鼠或一隻鳥或一隻蜥蜴，養分都是一樣的。和成貓比起來，幼貓就體重比例而言需要比較多的蛋白質和熱量，達成這個需要的方式是吃下比較多的食物。懷孕和哺乳期的母貓，也是用同樣的方式來滿足營養需求的暫時提高。懷孕和哺乳期的母貓食量比較大，隨著小貓斷奶，母貓的食量也會逐漸下降。

隨著貓年齡的增加，身體對熱量和某些養分的需求也會跟著減少，而貓本身調適的做法是減低食量。這是一種自然的反應，就是當一隻動

物可以獲得的食物養分是固定不變時，面對需求起伏的狀況，做法是調整養分攝取量。以生命階段概念為基礎的寵物食品，沒有考慮到這個事實。再者，堅持貓應該根據不同生命階段而餵食的寵物食品公司，並沒有把這個原則套用在他們自己的產品上。幼貓吃的罐頭和乾飼料的熱能營養素，即蛋白質、脂肪和碳水化合物，有很大的不同。例如，市面上最受歡迎的幼貓乾飼料之一，蛋白質含量乾物比是 37%，高度加工的碳水化合物含量乾物比是 28%。但是，同品牌的幼貓罐頭的蛋白質含量卻是 49%，碳水化合物是 15%，遠低於幼貓乾飼料。考量到罐頭的消化度高於乾飼料，吃下這兩種不同食物的貓，所攝取的蛋白質含量差距豈不是更大。

　　同一家公司推出的成貓罐頭和乾飼料，也有類似的狀況。成貓乾飼料的蛋白質含量乾物比是 33%，高度加工的碳水化合物含量乾物比是 36%。成貓罐頭有比較多的蛋白質，乾物比含量高於 36%，不過碳水化合物含量明顯較低，大約 28% 乾物比。所有寵物食品公司所推出的罐頭和乾飼料，都可以看到如此明顯的不一致。為什麼同一家公司推出的，針對相同生命階段而製造的食物，主要營養成分卻有這麼大的不同？難道吃罐頭和吃乾飼料的貓，有不一樣的營養需求嗎？不，營養需求是一樣的。

　　事實上是罐頭和乾飼料製造技術的不同，造成這兩種食物主要熱能營養素的不同，而不是貓的營養原則所致。乾飼料的製造技術，和人吃的早餐麥片以及零食製造技術是一樣的，都是一種名為擠壓射出成型（Extrusion）的製造法。和早餐麥片以及零食，還有人吃的洋芋片一樣，擠壓成型的乾飼料必須含有很高的澱粉，才能製成酥脆的小塊狀。罐頭的製造過程不需要用到澱粉，不過有一些罐頭依然含有很多的碳水化合物，以「增加食品分量」，如上面所提到的例子。乾飼料充滿穀物，才能夠在

被推出擠壓造粒機器（Extruder）後，呈現顆粒狀（見第 20 章）。製造技術不同，造成罐頭和乾飼料熱能營養素的差異，和不同生命階段的不同需求完全扯不上關係。

　　針對小型哺乳獵物的熱量組合所做的研究顯示，一隻獵物含有大約 55% 的蛋白質乾物比、35% 的脂肪乾物比，以及低於 2% 的碳水化合物。這顯然和許多商業食品的營養成分差距甚大，而這當中最不夠格的是乾飼料。雖然上面舉例的罐頭，並不是貓自然需求的熱能營養素的合格產品，但市場上有許多商業罐頭有比較好的養分比例。

那麼，我該餵我的成貓吃什麼呢？

　　瞭解貓的自然生命階段的進食習慣後，你知道在貓成長的過程中，**不應該改變食物養分的組合**。給貓吃蛋白質和脂肪分量足夠的食物，以促進身體健康，幼貓和成貓會吃下分量足夠的罐頭或生／熟肉，以符合不同生命階段的需要；攝取到足夠養分後，自然會停止進食，不會吃個不停。你不會在吃乾飼料的貓身上，看到這種對食物的節制，我們會在第 20 章的過胖貓章節中，討論原因所在。

　　選擇蛋白質含量高的罐頭，理想上要高於 40% 乾物比（見附錄 1 以瞭解如何閱讀寵物食品標籤）；適量的脂肪，理想上是介於 25 ～ 35% 的乾物比；以及低碳水化合物，理想上要低於 10% 乾物比。市面上有一種乾飼料的碳水化合物含量只有 7%，這是根據製造商的說法。但是經過化學分析後，顯示實際的碳水化合物含量是 13%。雖然我曾經希望這個產品是理想的乾飼料，可以拿來餵我自己的貓，也可以推薦給我的客戶，但是

在我親自進行測試後，結果令人感到很失望。這種食品會造成已結紮成貓過胖，和其他碳水化合物更高的乾飼料一樣，而且不能拿來餵糖尿病貓。拿這種食品來餵狀況穩定的糖尿病貓，會引起復發。這種食品使用馬鈴薯為澱粉源，以便通過擠壓成型機；很顯然馬鈴薯有很高的含糖量和升糖指數（Glycemic Index，造成血糖相對上升），會給貓帶來有害的影響，和使用比較多的低糖碳水食材的食物一樣，也會對糖貓造成傷害。其他「不含穀物」的乾飼料則有不同的澱粉來源，例如樹薯，正在被研發製造中。這些食品完全不是理想的貓食。

最近至少有一家公司開始行銷脫水的粉狀貓食。除了一些肉類蛋白質以外，這種食物還含有分量驚人的蔬菜、水果，甚至蜂蜜！結果是碳水化合物含量超過 30% 乾物比。這種食品不過是粉狀的乾飼料，和我們在這一章和先前的章節所批評的乾飼料一樣，都含有很高的碳水化合物。製造商試圖掩蓋事實，宣稱消費者只需要在意的是**加水後**的碳水化合物含量。這份食品的碳水化合物濕物比高於 7%。但是寵物主人千萬不要被這個數字誤導。因為乾飼料的碳水化合物濕物比，也是介於 7～10%。對貓而言，這是危險的碳水化合物含量。品質好的罐頭碳水化合物含量大約是 2%，或者甚至更低。所以不管拿來和任何其他食物相比，這個含有大量碳水化合物的粉狀產品，都不是一個好選擇，應該要避開。

目前市面上的乾飼料都不適合任何年齡的貓。我個人推薦罐頭，因為熱能營養素比較接近貓的自然獵物。當然你應該要避免碳水化合物乾物比超過 10% 的產品。許多幼貓產品有符合這個數字，雖然不是全部，如同先前舉的例子。碳水化合物 15% 的幼貓食物，不適合幼貓**或**成貓。有些罐頭系列沒有分不同的生命階段，而是一罐到底大小通吃。最受歡迎的小

罐裝貓食屬於這一類。這類食物通常是以肉為底，而且碳水化合物很低。

　　罐頭中的食材可以幫助你判斷碳水化合物的含量高低。如果你看到玉米粉、碎玉米、細玉米粉（玉米穀粉）、米粉、馬鈴薯、地瓜、胡蘿蔔、蘋果、莓子，諸如此類的食材，你可以合理地肯定這個食物的碳水化合物太高，不適合貓吃。為了避開不適合貓吃的食材，許多人開始餵貓吃生肉。我個人是餵我的貓吃生肉，但並不代表生肉是健康貓食的必要選擇。我對所有的客戶推薦低碳水化合物的罐頭，成效都很好。

18

年度健檢注意事項

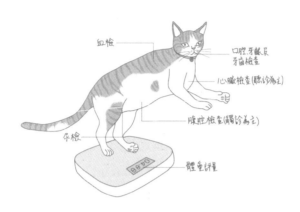

血檢

口腔,牙齦及
牙齒檢查

心臟檢查(聽診爲主)

腹腔檢查(觸診爲主)

尿檢

體重評量

所有照顧貓的專家都同意一件事，那就是年度健康檢查是很重要的，從幼貓到老貓，貓的一生都要規律進行年度健檢。如果你的獸醫對貓有專注的熱誠與經驗，年度健檢可以成爲一個偵測到體內疾病的重要武器。即使是年輕貓，也有可能罹患癌症或是其他威脅生命的重病。固定進行健檢，以及和獸醫討論上次健檢後你所觀察到的任何狀況，對保持貓健康關係重大。

如何選擇貓獸醫

你會期待和你的貓獸醫，在接下來的幾十年維持密切的合作關係，所

以選擇一位對貓有熱誠的專業醫生是很重要的。這個世上沒有任何一位獸醫，包括我自己在內，對所有物種都有相同程度的熱誠和專業。有些同時診療不同物種的獸醫，治療狗和其他動物的經驗多於貓。有些獸醫在診療貓的時候，不如面對狗或其他動物時來得自在。診療貓時需要特別的技巧，貓才會感到安心。具有這個技巧的獸醫比較能夠進行理想的檢查，但並非所有獸醫都具備這個技巧。

此外，貓的醫學需要和問題，和許多動物、甚至狗，是非常不一樣的。有豐富治療貓的經驗，而且有認真研究貓問題的獸醫，在進行診斷和治療時會比較熟練。幫貓找到一位具備如此熟練度的獸醫，而且是有隨時掌握最新貓科醫學知識的獸醫，對維持貓的終生健康是很重要的。在決定選擇一位獸醫之前，對獸醫進行瞭解是完全合理的。詢問獸醫本身對貓的經驗、處理貓時是否有相當的熟練度，當然你要很有禮貌去提出這些問題，不要帶有批判的意味。好的獸醫可以理解你在選擇獸醫時的仔細與顧慮。如果你在詢問時，獸醫帶有戒心或甚至不悅，也許你該繼續尋找下去。

第一次帶貓去做健檢時，不管你的貓是幼貓或成貓，是你和貓醫生建立良好關係的關鍵。你必須清楚地跟醫生表達，希望貓得到如何的照顧。例如你希望在年度健檢之間可以去電詢問獸醫問題，而且希望獸醫本人回答，就跟獸醫直說。並不是每位獸醫都能達到這種期待。不管你之前的問題得到什麼答案，如果你希望寵物可以得到滿意的照顧，以及獸醫的能力符合你的期待，一開始的良好溝通會是關鍵。好的獸醫會希望提供你滿意的服務。如果你有清楚表達期望，並且讓獸醫有機會對你的期待做出回應，你比較有可能獲得滿意的服務。另外同樣重要的是，你的獸醫會瞭解你為貓健康所做的承諾，而且獸醫也願意做出相同的承諾。

任何時候當你覺得你的醫生並不適合你的貓時，請人推薦其他獸醫，或是自己做選擇。在人醫領域，「第二意見」的概念由來已久，在獸醫界也絕對應該是如此。沒有任何一個獸醫可以解答所有問題。在尋求不同意見或甚至換醫生時，你不該感到不安。相反地，當你在選擇貓的健康照顧提供者的時候，你該感到絕對坦然。

　　前面說過你有權利期待專業的照顧，一旦你做出選擇，容我提醒主人本身也要做到該做的事，以跟獸醫維持良好的合作關係。醫病關係是雙方的。當你找到可以信任的醫生，切記完全遵守醫生的醫療指示、謹記醫生要求的複檢項目、詳實報告治療的併發症以及好結果，而且預約就診要準時出現，以示對醫生行程的尊重。一個真正關心寵物的好獸醫，是寵物健康的無價之寶。當你找到那個人，你也要盡責任維持良好的醫病關係。

關於疫苗

　　年度健檢時也會和醫生討論到疫苗注射。接受注射所有上市疫苗的時代已經過去了，有許多疫苗所保護的疾病並不是你的貓有機會接觸到的。你和你的獸醫必須仔細討論，針對你的貓的情況，有哪些疫苗是必要的（更多相關訊息請見第 10 章）。再者，過去十年來打疫苗的時程表有了改變。我們現在知道一些常見的疫苗，提供一年以上的保護期。選擇疫苗時，你的目的以及獸醫的目的，是針對會對貓造成風險的疾病施打疫苗，而且只有在絕對必要時才施打。

關於貓的牙齒和牙齦

　　年度健檢時，你的獸醫會檢查的許多項目之一包括貓的口腔、牙齦和牙齒。就算是年輕貓，這個部分的檢查也是非常重要的。在貓四到六歲時，可能已經有可觀的牙結石（Tartar）和牙垢（Plaque）累積在牙齒上，需要徹底清除。如果能夠做到固定清潔口腔，貓可能一輩子連一顆牙都不會掉。五歲開始固定清潔口腔，之後每兩年一次，大部分的貓都可以維持良好的口腔健康。隨著貓年紀的增加，可能會變成一年一次；你的獸醫會給你建議。

　　不管多久清潔一次口腔，藉由固定專業的照顧，預防牙齦疾病以及保持牙齒潔白明亮，不但是身體健康所必需，對口腔健康也是如此。大家都知道人的口腔感染可能會造成腎臟的損壞、心臟疾病和全身其他問題。我們強烈懷疑寵物也是如此，包括貓。固定的口腔保養不僅可以預防牙周病（Periodontal Disease）引起的嚴重併發症，而且還可以讓貓的牙齒一輩子都待在原本的位置。許多獸醫鼓勵主人固定在家幫貓刷牙。市面上有許多不同的牙刷設計，以及寵物可安全使用的牙膏供主人選擇。光是用指套或毛巾擦拭牙齒表面，都有助於清除牙垢進而拯救牙齒。如果讓貓從小就接受居家清潔口腔，貓長大後越有可能習慣這個過程。

　　如果貓主人願意在家固定幫貓清潔口腔，而且貓也都能配合，我衷心鼓勵大家這麼做。可惜對我大多數的貓病患和主人而言，這不是一個很實際的做法。我發現堅持在家幫貓清潔口腔，但貓卻不願配合時，不但徒勞無功，而且令人受挫。我寧願我的客戶固定帶寵物來我的診所檢查牙齒和牙齦，並且定期洗牙，而不是跟他們嘮叨在家刷牙的重要性。

如果貓主人無法在家中固定為貓清潔牙齒，並不表示他們是壞「家長」。很不幸的是，餵食「口腔保健」的乾飼料，並不能如廠商所言可以預防牙垢和牙結石的累積，固定檢查口腔才是預防口腔健康惡化的主要做法。你需要獸醫的幫助，達成這個重要的預防照顧。更多口腔問題的訊息請見第19章。

檢查體重

年度健檢中，最簡單但也是最重要的項目是體重評量。自從上次的年度健檢後，無論貓現在是否正處於最理想體重，或是體重增加或減少，對獸醫都是極具價值的訊息。如果體重有緩慢上升，表示餵太多食物，或是餵錯食物。貓過度肥胖所帶來的危險，和人類過胖是一樣的；而且年紀介於二到十歲的過胖貓當中，大約有百分之五十或甚至更多，身體會出現過胖帶來的負面影響。這是一個需要積極處理的問題，避免過重對健康造成傷害。

另一方面，找不到原因的體重減輕，可能表示身體某處出了問題，應該進行完整的檢查。如果一隻極度肥胖或是普通胖的胖貓，從吃乾飼料改成吃罐頭後體重有逐漸下降，那當然表示貓的身體比以前健康。把今年健檢的結果和貓的體重，拿來和去年的健檢結果比較，是貓健康拼圖中重要的一塊。你的獸醫可以幫貓的身體做一個狀況評量，包括記錄體重。如果有疾病存在，這些觀察所得到的訊息，可以為聰明的獸醫指出一個正確的診斷方向。切記要求醫生比較以前和今年的體重以及身體狀況，以期達到最佳健檢目的。

基本上，一隻健康的成年公貓，體重大約介於四至五‧四公斤之間，母貓則是介於三‧二至四‧五公斤。如果貓的體重超過這個數字就表示貓過胖，除非是骨架大的緬因貓或挪威森林貓。現今的貓主人，有很多並不知道體重正常的貓應該是什麼樣子，因為他們長期和過胖貓住在一起，但卻渾然不知。幸好獸醫開始注意到有越來越多的過胖貓出現，而且這些貓的健康正在走下坡。獸醫意識到必須努力解決這個嚴肅而且普遍存在的問題。第 20 章有深入討論，並且解釋如何扭轉這個問題。

健檢過程的貓健康評量

整體而言，有心臟問題的貓少於狗。不過還是有好幾種心臟問題，會出現在任何年紀的貓身上；每次健檢時，你的獸醫仔細檢查這個器官是很重要的（見第 28 章）。聽診（Auscultation，用聽診器聽貓心臟的聲音）是身體檢查的固定項目，跟人一樣。如果你的獸醫聽診時，聽到任何奇怪的聲音，也許表示需要進一步的檢查，例如心電圖（Electrocardiogram，簡稱 ECG 或 EKG）、超音波（Ultrasound；心臟超音波 [Echocardiogram] ），或是 X 光。瞭解貓的心臟健康，對長壽貓生和生活品質極為重要。如果你對貓的心臟聲音有任何問題，或是想知道有哪些疾病會造成心臟問題，切記詢問你的獸醫。

檢查貓的腹腔

完整的健康檢查中，另一個非常重要的項目是對貓腹腔（Abdomen，

肚子）進行觸診（Palpation）。有經驗的獸醫幾乎可以摸到腹腔中所有的器官，並且可藉由觸摸判斷其大小和形狀是否正常。也有可能會摸到不該出現在腹腔的腫塊，也許是腫瘤或感染。如果貓過度肥胖，觸診準確度會大為降低，因為大量的腹部脂肪阻隔正常的結構。讓貓保持理想的體重，比較容易進行徹底的身體檢查，而且貓的身體壓力也會比較少。

如果你的獸醫在觸診時發現任何異狀，或許需要進行額外的檢查。X光、超音波和血檢，都可以幫助釐清腹腔健檢時所遇到的疑點，找出真正的問題。

年度健檢要包括血檢嗎？

很多獸醫並沒有把血檢和尿檢（Urinalysis），列為七歲以下的貓健檢時固定的檢查項目。只要病患以前的病歷或是身體檢查，沒有出現任何狀況，這是合理的做法。不過有些醫生或飼主，會要求每次健檢時都要驗血。這也是一個理性的做法，因為在一些少數的例子中，這幫助早一點發現問題。就我個人的執業經驗，健檢顯示健康狀況良好的年輕貓，我也會提出做血檢的建議，但並不會堅持一定要做。在這種狀況下做血檢的好處是，可以知道這隻貓的各項基本數值。未來如果貓生病而做了血檢，這些基本數值可以提供重要的比較依據。

19

貓的牙齒健康——
你的貓可以保住一口潔白的好牙

貓口腔健康的重要性

過去十年來，越來越多獸醫察覺到乾淨的牙齒和健康的牙床，對貓的整體健康和幸福是多麼重要。沒有定期檢查口腔和專業照顧，貓不僅會在年輕時就開始掉牙，而且身體其他器官可能也會受到影響。牙齦內含豐沛的血液，當牙齒因為滋生細菌而感染到牙齦時（即牙周病），這些感染會造成發炎，而且會讓牙齦炎和口腔炎（見第 24 章）更加惡化。這些發炎組織內的血管，會把細菌從口腔帶到全身，造成新的感染。腎臟和心臟是特別容易受到感染的器官。

阻止細菌累積在貓的牙齒和牙齦，不但可以預防其他疾病的出現，同

時還可以防止牙齦萎縮和牙齒脫落。我看過許多二十歲的貓依然擁有一口好牙。這才是老貓自然的狀態。雖然許多貓主人認為貓老了免不了會掉牙，但事實並非如此。口腔得到良好的預防照顧，不但可以保障全身健康，還可以保住一口好牙。

所有的獸醫都知道，良好口腔健康的基礎是固定刷牙。如果你可以在貓還小的時候就開始幫貓刷牙，溫和而且有耐性的，可能終其一生貓都會讓你刷牙。有些成貓可以接受刷牙或是擦拭牙垢，但從小開始訓練當然是最好的。如果你可以成功在家幫貓清潔口腔，或許可以避免去醫院洗牙。

可惜的是很多成貓就是無法接受在家刷牙這件事。能夠固定在家刷牙當然很好，但也沒有必要為了刷牙而破壞主人和貓之間原本和諧的關係。如果你是屬於這種狀況，我建議把貓帶去給獸醫做固定檢查和徹底洗牙。不管你有沒有辦法在家幫貓刷牙，固定健檢時都要請獸醫檢查貓的口腔。

無麻醉洗牙

你可能聽獸醫以外的人提過，洗牙可以在沒有麻醉（Anesthesia）的狀態下進行。這並非事實。在寵物完全清醒的狀態下洗牙，無法有效到達並清理牙齦線的下方，也不能準確判斷每一顆牙的健康狀況。在沒有深度鎮靜或麻醉之下，無法評估牙齦萎縮的狀況，也無法對一種被稱之為「齒頸再吸收病變」（Resorptive Neck Lesion，審譯註：正式全名為 Feline Odontoclastic Resorptive Lesion，簡稱為 FORL；譯註：台灣慣用譯名為「貓破牙細胞再吸收病害」）的蛀牙進行評估。當我的客戶問起無麻醉清潔牙齒這件事時，我提醒他們在家幫貓徹底刷牙，以及檢查所有牙齒，是一件多麼困

難的事；我告訴他們在貓清醒的狀態下，和簡單的刷牙比起來，徹底清潔口腔會更加讓貓生氣，而且我希望在沒有傷害到貓的狀況下，不管是身體或心靈，把我的工作做到最好。

雖然鎮靜和麻醉免不了有風險，但現今的氣體麻醉是很安全的。在進行麻醉洗牙之前，中年和老年貓至少要先做徹底的健康檢查、基本的血檢和尿檢，以評估整體健康狀況。即使是有慢性病的貓，也可以安全進行口腔療程。麻醉前做好仔細的評估，麻醉中從頭到尾監督貓的狀況，口腔問題的預防可以被安全執行，而且對你的寵物目前和未來的健康幸福極為重要。這個說法一點都不誇大。

「口腔保健」食物

你**無法**藉由餵貓吃「預防牙結石」的食物，達到保護牙齒和牙齦健康的目的。沒有**真正以貓**為實際對象並且實際進行一段時間的臨床實驗被執行，以證明這種食物配方真的可以讓貓的牙齒和牙齦更健康。全世界的獸醫每天都在治療嚴重口腔疾病的貓，而且都是吃這種食品的貓。這些食品通常含有高度加工的碳水化合物（乾物比含量是 35%，或甚至更高），以及纖維素—— 一種來自樹木、無法消化的纖維，具有研磨的功能。這種纖維對貓的腸胃道造成不自然的負擔，因為腸胃不習慣處理這種無法消化的纖維，同時還大大提高糞便量。進化使然，貓是吃濕的、低纖維、低碳水化合物的食物。貓的牙齒和牙齦，以及全身其他部位，都是為了消化這種食物而設計。

住在自然棲息地的貓，的確有自然的研磨動作，不過是來自獵物的骨

頭。帶骨絞肉有相同的效果。我有些貓病患比較容易快速累積牙垢和牙結石（就像有些人一樣），我推薦他們的主人定期餵帶骨絞肉，或是完全只餵帶骨絞肉。骨頭並不會分解成依附在牙齒上的碳水化合物薄膜，乾飼料才會。碳水化合物做的潔牙點心，和口腔保健乾飼料一樣，有相同的缺點，也應該避免。人的牙醫並不會推薦病人吃玉米片或早餐麥片來清潔牙齒，寵物主人當然也不該為了達到潔牙目的，餵貓吃充滿碳水化合物的酥脆乾飼料或點心。

　　如同我在本書其他章節所討論，高度加工的高碳水化合物對貓並不健康。以肉為基底的濕食並不會造成口腔疾病，而且可以供應充足的養分，也就是自然存在肉中的豐富蛋白質、脂肪、維他命和必需脂肪酸。

別忘了……

　　關於保持貓的口腔健康，你可以採取最重要的第一步，也許是去相信你能做出正確的決定，讓貓生保有一口好牙。掉牙和口腔問題並非無法避免，只有當你不知道如何去預防時，這種情況才會出現。別忘了：

1. 　如果可以，固定幫你的貓刷牙。
2. 　每年至少帶貓去給獸醫做一次健檢。
3. 　遵守獸醫的建議，固定麻醉洗牙。
4. 　不要餵「特別設計」的乾飼料，因為有害健康。

20

過度肥胖──沉默的傳染病

過度肥胖問題

今日的寵物貓，大多數都至少有一點胖，而且很不幸的是有很高的比例是非常胖。此情只待成追憶的很久以前，一隻體型中等的貓，平均體重大約是纖細合度的四‧五公斤。但是現在，同樣體型的貓，體重很典型地落在六至六‧五公斤之間，有些甚至重達九公斤，驚人且不健康的病態過胖。在我的執業生涯中，常常看到這種過胖貓。每個星期都有得意又愛貓的主人，帶著他們圓滾滾的胖貓來我的診所做檢查，完全不知道他們健康的寵物體內正潛藏著危險的疾病。當我跟他們說「克蕾歐」或是「鬍鬚先生」，正明確而且肯定地踏上一條伴隨著過胖而來的慢性病道路

時，主人總是無比錯愕。

　　過度肥胖普遍的情況令我感到害怕，但更令人害怕的是，主人完全不知道這個問題的嚴重性。過胖貓的主人在來找我就診之前，大多不知道貓有過胖的問題。這麼多愛貓人沒有意識到貓過胖的原因很簡單，因為對多數愛貓人而言，親眼看到一隻體態自然健美，像運動員般健康的米克斯貓，已經是好幾十年前的事了。那隻曾經是如此健美、靈活又輕巧的貓咪選手跑哪去了？我們怎麼會把好幾百萬隻的貓，養成一隻成天躺在沙發上、懶洋洋的、對食物上癮的肥貓呢？這是誰的錯？而我們又該怎麼做來修正這個錯誤呢？

◎參考資料：www.catnutrition.org/obesity.html

為什麼有這麼多的貓過胖？

　　幾十年前，在商業貓食的需求開始成長前，狗食是乾飼料的主要市場。貓食需求的出現，讓寵物食品公司開心不已。很不幸的是，並非只有飼主的需要在促使商業狗食的發展，寵物食品公司也希望能為過剩的農產品，例如玉米和其他穀物，以及不適合人食用的肉品部位，找到可以獲利的使用方式。早期的製造商並沒有付出真正的努力，運用科學去設計這些狗食。寵物食品業沒有受到任何法律規範，大家前仆後繼地加入這個市場，因為每個人都可自由參加。

　　寵物食品業開始成長，但製造商並沒有被要求做任何活體餵養研究。他們只被要求調配出來的食品，養分組合必須符合「美國國家研究委員會」（National Research Council）提出的寵物需求。隨機抽查的食品，

在實驗室進行分析後，各種營養成分必須符合訂定的最低和最高值。雖然這麼做賦予這些食品最低的品質保證，但食材的選擇是出自成本考量，而不是基於動物的自然需要。為了符合營養成分的要求，當這些低成本的食材組合，沒有達到所要求的正確平衡時，製造商只要加入商用營養品補充即可。

　　大部分的寵物食品製造商都知道，貓有一些特別的營養需求。例如狗可以從所攝取的植物胡蘿蔔素中，合成身體所需的維他命 A，但貓需要來自魚或肉的天然維他命 A，因為貓本身無法自行合成。貓需要大量的、來自肉類的氨基酸、精胺酸（Arginine）和牛磺酸（Taurine），因為貓體內製造這些分子的能力有限。貓的食物必須含有一種必需脂肪酸叫做花生四烯酸，狗的身體可以自行供應這種必需脂肪酸，但貓的身體無法自行供應。然而寵物食品公司相信，只要把現有的狗食配方拿來稍做調整，就可以提供貓必需的營養需求。

　　寵物食品公司似乎忽略了一個事實，那就是貓的新陳代謝機制，是為了製造來自蛋白質的熱量而設計，並不是碳水化合物（見第 1 章）。貓主人和狗主人一樣，似乎比較喜歡乾飼料，因為方便而且看起來比較經濟實惠。因應貓主人的需要，貓乾飼料越來越普及，但這些貓乾飼料其實只是把高穀物含量的狗乾飼料，加工製造成適合貓吃的小顆粒，然後稍微補充一些綜合維他命和礦物質，如此而已。二十年前，當貓食的普及和多樣選擇，以超過任何人可以想像的速度在增生繁殖時，以穀物為基底的貓食，至今依然一如二十年前，還是以穀物為基底。

　　在沒有任何人發現的情況下，貓突然開始吃起比較適合草食動物的乾飼料。今天的商業乾飼料，即使是那些「優質」的高級產品，都一律

含有高碳水化合物、含量中等的蛋白質（大多是來自植物蛋白質），以及很少的脂肪。而貓是極度需要脂肪和蛋白質的，因爲脂肪提供身體對必需脂肪酸的需求，蛋白質提供身體可消化的熱量。

爲什麼貓乾飼料的熱量組合卻是反其道而行？

無論是濕食（罐頭和妙鮮包）還是乾飼料，都是出自於行銷和食品製造科技考量的產品，不是針對貓科營養的需要。配方相同的罐頭和乾飼料，不管是什麼品牌，熱量組合（即蛋白質、脂肪和碳水化合物）卻非常不同。濕食的蛋白質含量往往比較高（通常約 40 ～ 55% 的乾物比，即去除食物中的水分以後）、中等程度的脂肪量（通常約 25 ～ 35% 的乾物比），以及低碳水化合物（通常約 2 ～ 8% 的乾物比），再加上纖維、維他命和礦物質的補充，以達到營養均衡。

然而相同配方的乾飼料，卻沒有相同的熱量組合。乾飼料的蛋白質乾物比通常約 20 ～ 35% 之間、脂肪乾物比約 10 ～ 25%，而碳水化合物乾物比則是介於 25 ～ 50%，另外補充纖維和綜合維他命、礦物質，以達到營養均衡。乾飼料通常含有較多的纖維（介於 5 ～ 8%），而罐頭幾乎沒有纖維，除非另外刻意添加含有纖維的食材。爲什麼相同配方的罐頭和乾飼料，熱量組合卻是如此不同？難道吃罐頭和乾飼料的貓，需要不一樣的熱量組合？

答案是「不，當然不是」。不管是吃什麼形式的食物，貓的熱能營養素需求（和容忍度）都是一樣的。既然如此，爲什麼這些配方有這麼大的不同？

寵物食品製造技術

生產乾飼料使用的擠壓射出成型技術（和生產早餐麥片以及高碳水化合物點心的食品製造技術相同）支配了熱量組合。所謂擠壓射出成型，是指透過高溫和高壓的程序，把膨脹後的食材從擠壓造粒機器中射出。如果不在食材中加入相當分量的澱粉，這道程序無法被完成。在經過處理後，罐頭食物配方呈現的是泥狀物，但乾飼料配方則是呈現膨鬆、充滿空氣的物體，準備進行乾燥。所以寵物食品公司在肉粉以及體積小的食材中，加入大量的玉米、米、小麥、燕麥、大麥，以及其他穀物，越便宜越好，以便加大食材分量。最近，一種含有馬鈴薯而非穀物的乾飼料，也開始出現在市場。

更糟的是，在擠壓成型的過程中，乾飼料食材的穀物澱粉，因為高溫和高壓的過度烹煮而被分解，以糖分的形式進入動物血管。在演化過程中，貓的身體從來就沒有為消化高碳水化合物的垃圾食品做準備，而且還是長期固定吃。

並非所有穀物都是被平等地創造出來。有些穀物在消化時，會造成血糖大幅上升（這種現象稱為升糖指數）。在所有穀物中，最容易造成這個現象的或許就屬玉米了，因為玉米可以萃取出玉米糖漿，一種純糖、葡萄糖。玉米在美國又多又便宜，所以變成寵物食品公司最喜歡的食材之一。大部分所謂的「高級」昂貴乾飼料，都含有高比例的玉米。馬鈴薯，這一乾飼料中的新食材，同樣有極高的升糖指數，也是非常不適合貓的食材。最受歡迎的貓食配方，是出自食品製造科技的需求，方便又容易販賣，而不是出自貓的身體需求。

諷刺的是，當乾飼料被送出擠壓射出成型機和烤箱後，口感對貓是很難入口的。這一點都不令人感到意外，貓覺得穀物不好吃是可以預期的，否則貓大可去跟囓齒動物搶穀物吃，不必爲了保護穀物而去追捕囓齒動物。貓不願意吃以穀物爲基底的食品，帶動另一個行業的出現，即強力嗜口性添加物，用來包覆乾飼料。這些提高嗜口性的添加物有可能是酸性酵母（貓喜歡酸性物質的口感），但比較常見的是肉的發酵液（Digests）。發酵液來自肉類副產品，例如動物內臟，發酵後成爲液態的「湯」，被噴灑在乾飼料外層。

如果寵物主人和獸醫，知道發酵液是如何製造並用在乾飼料上，我想只有少數人，包括反對餵生肉者，會熱愛商業乾飼料。在以穀物爲基底的乾飼料表面噴上一層發酵液，貓等於是在被騙的狀態下，吃下平常不願意吃的食品。這讓我想到兒童早餐燕麥片的那一層糖衣，用來提高小孩吃下低營養價值的人類食品，做法是一樣的。

比較濕食和乾飼料的配方和製程，濕食在製造過程中，並不需要使用到澱粉，煮爛的、切塊的、切片的或是烤過的肉，都可以直接放入罐頭或妙鮮包，密封後進行高溫殺菌。這種以肉爲底的配方有很高的嗜口性。濕食的熱量成分組合是高蛋白質、含量介於低到中等的脂肪，以及低碳水化合物。因爲這是以肉爲基礎的食物營養成分，不需要通過擠壓造粒機器，也用不到提高嗜口性的添加物。

乾飼料的營養成分和濕食很不一樣。乾飼料的營養成分受制於擠壓射出成型的食品製造方式，而且要在包裝前灑上一層發酵液，以提高嗜口性。濕食和乾飼料營養成分的不同，是受制於食品製造方式的不同，而不是因爲吃濕食和乾飼料的貓，有不同的營養需求。

碳水化合物：貓過胖的眞兇

如果你去問任何一個寵物食品公司的科學家，爲什麼要在他們最貴的貓乾飼料中，加入比例如此高的碳水化合物，他們會堅持雖然貓並不需要碳水化合物，但是加在食材中也不會造成任何傷害。他們還會進一步反駁說，因爲必須用到那一類的食材，才能製造出最方便的貓食，即貓乾飼料。

針對貓第二型糖尿病的原因以及控制所做的研究，包括由我起頭，而且後來有被任職於一家大型寵物食品公司的我的同業所證明的研究，都強烈顯示貓的血糖會迅速受到食物中熱能營養素的影響。來自乾飼料中高度加工穀物的糖分衝向血液，帶著養分順著腸胃道流向肝臟，造成胰臟處於警戒狀態。胰臟，靠近貓胃的一個小器官，最重要的工作是維持血糖穩定，不讓血糖上升到會對身體造成傷害的程度。胰臟保持血糖穩定的做法，是製造以及分泌胰島素，一種把血糖趕進身體細胞的激素，以便把血糖值降回正常範圍。

住在野外的絕對肉食動物，很少遇到這種高血糖的緊急狀態。野外貓的食物中，碳水化合物含量大約 5%，甚至更低，那是來自獵物腸胃道的草或種子，屬於複合式碳水化合物。不管野外的貓旅行到何處，都不會有機會固定吃下乾飼料這種充滿過度加工穀物的垃圾食品。貓的胰臟並沒有爲每天的血糖危機做準備（胰臟承受不自然的壓力所帶來的後果，以及相關壓力對肝臟造成的影響，會在第 21 章詳細討論）。

正常的胰臟想要控制這種不自然的狀態，因此在固定的循環中分泌更多胰島素（Insulin）。胰島素分泌提高造成脂肪累積，因爲熱能營養素

被趕進身體細胞中，即使身體並不需要那些熱量。當提高的胰島素成功降低血糖時，動物可能會出現低血糖（Hypoglycemia），或是低於正常的血糖值，這會讓動物感到肚子餓，促使牠們去吃下更多的高糖分乾飼料。一個可怕的惡性循環因此展開。當人吃下高度加工的碳水化合物食品時，血糖也會經歷如雲霄飛車般的高低震盪。

　　讓這個惡性循環更加複雜的，是貓本身獨特的系統，即當貓吃飽時，身體會發出停止進食的訊號。進化使然貓的食物含有豐富的蛋白質和脂肪以及極少的碳水化合物；因此當貓攝取到足夠的脂肪和蛋白質時，也進化成一個訊號，告訴貓應該停止進食，因為熱量需求已被滿足。高碳水化合物的食品，大大降低這個訊號發揮作用，即使熱量所需已經達成、甚至超過。不僅貓的胰臟無法適當地反覆處理來自高度加工乾飼料的實質糖分，貓身體的飽足中樞也無法回應高碳水化合物食品的攝取，而未能產生飽足感。

　　吃下過量高度加工碳水化合物的結果是，肉食動物有限的胰臟儲備力（Pancreatic Reserve，審譯註：指胰臟應付超出正常工作量的能力），得反覆提高胰島素的分泌。許多貓體重開始增加，甚至過胖。這一連串不自然的連鎖反應，以及不間斷地加諸在胰臟的壓力，終於導致許多貓的新陳代謝系統不知所措，得到糖尿病。因為大部分的家貓都有結紮，貓進入新陳代謝需求降低的生理狀態，就如同中年人一般，所以如此惡劣的循環更加具有毀滅性，而且無法避免。

　　許多乾飼料貓過胖並不令人感到意外。倒是並非**所有**乾飼料貓都過胖，反而令我更意外。我發現有些乾飼料貓沒有過胖，就如同並非所有吸菸的人都會得到癌症是一樣的道理。這些是規則外的例外，良好的基

因和無數其他因素讓牠們逃過一劫；來自和生活型態有關的嚴重傷害的未知因素，放了牠們一馬。我們沒有測驗可以知道哪些貓有好基因、哪些沒有。我們所知道的是，乾飼料是一個危險的食物選擇，尤其在有更好的替代選擇的情況下。

爲什麼我們應該正視貓過胖的問題？

貓太胖眞的是一個問題嗎？我們所擔心的會不會其實只是一個外表的問題，和健康威脅無關？一旦貓變得非常胖，大約介於五・八至六・三公斤，許多的改變也會接踵而來。活動力降低、體重進一步上升。貓失去舔毛的興趣和能力，貓毛變得乾燥沒有光澤。舔不到肛門附近的糞便殘餘物，讓貓不舒服甚至造成感染。關節的壓力讓胖貓在跳躍或者只是單純地快速移動時，感到疼痛不適。雖然動脈硬化（Atherosclerosis）似乎不會發生在貓身上，但過多的贅肉剝奪生命以及生活品質。肥貓成天躺著不想動，不想和其他動物或人玩耍互動，生活品質當然下降。

我建議家有胖貓的客戶換食物，但並不堅持貓非做運動不可，這些客戶總是對我的建議感到十分意外。我的理由很簡單。因爲當貓的食物從高碳水改爲低碳水時，主人所看到的許多正面改變之一，是貓似乎回春了。原本成天躺著不動的胖子，開始滿屋子追著玩具跑，好像又變回小貓一隻。牠們開始跟家庭成員有更多互動。貓的運動量提高，活動量大增，加上低碳水食物幫助貓自然減肥。我治療過好幾百隻胖貓，每一隻我都看到如此相同的結果。

再者，有在吃關節炎藥物的貓，劑量減低甚至不用再吃藥了。便祕困

擾通常會消失不見。乾燥無光澤的毛髮，變回年輕時健康發亮的樣子。減肥成功的好處說也說不完。

預防過胖或是成功減肥，不僅只是外觀改變而已，雖然體重理想的貓確實比胖貓漂亮、靈活而且優雅。更重要的是，維持貓好動的個性以及苗條的身材，貓可以健康活躍地多活好幾年。當貓過著自然健康的生活，體重符合其體型骨架時，身體所有系統都會做最好的運作。對貓自然的健康狀態造成最大威脅的，是餵貓吃乾飼料。

為什麼不健康的食品卻受到廣大的認同？

許多寵物主人和獸醫相信，商業寵物食品安全又營養，因為這些食品有經過科學的「餵養實驗」。很多寵物食品包裝印有符合「美國飼料管理協會」（AAFCO）的規定，保證你買的這個罐頭或這包乾飼料的成分，是有進行過某些實驗，以證明對你的寵物是好的。多數的寵物主人和獸醫，極度誤解這些印在包裝上的措詞，進而相信可以信任符合這個規定的食物，是具有長期營養品質的。

寵物主人和獸醫不瞭解的是，那些所謂的「餵養實驗」，其實只有針對少數的貓進行短短幾個月的實驗而已。因為實驗期間如此有限，在實驗過程中，只有嚴重的有毒物質可能被發現。參與這些餵養實驗的動物，年紀都很輕，因此可以證明在動物敏感的成長階段，這份被實驗的產品是安全而且營養完整的。和老貓比起來，年輕貓有很大的修復力以及代謝儲備力，還有相當高的新陳代謝率。用年輕貓進行幾個月的實驗，就來證明產品的安全、功效，以及沒有任何不良影響，即使拿來餵老貓吃個幾十年，

結果也會一樣！

　　想像一家速食公司，用人進行餵養實驗，對象是一群活躍的青少年，只吃這些速食大廠的食物幾個月。假設在實驗期間，這些年輕人身上沒有出現任何不良反應。實驗結束後，想像這家速食公司開始宣稱，實驗證明他們的漢堡顯然是「營養完整而且均衡」，可以當成所有人終生唯一的營養來源。你能想像一個更荒謬的訴求，建立在一個更荒謬的「科學實驗」上嗎？

　　用一小群健康的年輕貓，餵某一種特定的食物六個月，並不能證明這個產品在貓的一生，或甚至只是幾年，都不會造成傷害。事實上沒有限制地餵乾飼料，只要二到八年，就有極高比例的貓體重會過重，而且其中許多甚至是病態地過胖。但是你不會看到這個事實，因為寵物食品公司不會針對肥胖和極度肥胖做實驗。然而我們所看到的情況是，幾乎所有寵物食品公司，都有生產各式昂貴的減肥產品，宣稱只要吃他們的減肥產品，胖貓就可以減肥。很顯然，製造出讓貓過胖的食品之後，這些製造商非常清楚知道極度肥胖的風險，否則他們不會花好幾百萬來包裝以及行銷減肥產品。很可惜的是，這些補救的減肥配方並沒有用；對大多數的貓而言，狀況甚至更糟。

為什麼「減肥貓乾飼料」無法幫貓減肥？

　　如果你曾經買過一種或以上的減肥貓乾飼料，想要幫貓減肥，你會知道這些食品並沒有用。為什麼？答案很簡單。那些昂貴的新食品，和原本讓你的貓發胖的食品，都是依循完全相同的錯誤認知而製造。製造

想 一 想

二〇〇五年後期，美國賓州大學獸醫系（University of Pennsylvania School of Veterinary Medicine）的一個研究小組發表了一份報告，研究目的是想要知道低碳水化合物的食物能否幫助貓減肥，並且預防體重增加。他們用兩組只吃乾飼料的貓進行研究，其中一組貓食的碳水化合物高於另一組，但兩者都有高度加工的碳水化合物，含量都高於商業罐頭或自製貓食。研究的結論令人感到費解，部分是因為沒有用到真正的低碳水化合物、以肉為基底的食物；另外部分是因為這些過胖或正常體重的貓，全都住在同一個地方，而且可以吃到彼此的食物。

除了缺乏實際的結論之外，還有另一個更加令人困擾的事實，那就是只有拿貓乾飼料來進行研究。在這個實驗中，所謂的低碳水化合物食物，其實比野外貓獵物本身的碳水化合物還要高上許多（見第 1 章）。而且，兩種乾飼料的碳水化合物都是來自高度加工的穀物，完全不是絕對肉食動物會自然吃下的食物。令人費解的是，為什麼這個研究沒有採用任何市售貓食罐頭，因為在市售貓食中，基本上罐頭的碳水化合物才是最低的。如果這些研究人員真的想知道貓過胖的真兇，以及在體重控制方面，測試出低碳水化合物食物的效果如何，那為什麼沒有至少餵一些貓吃罐頭呢？這個研究顯然建立在錯誤的假設基礎上，也就是乾飼料是目前世上唯一的貓食。

商開始研究生產減肥貓乾飼料，以幫助因為吃了他們生產的「一般」貓乾飼料，而產生的過胖貓減肥。但是在過程中，他們沒有瞭解到貓獨特的新陳代謝特性。相反地，他們只是把老套的人類飲食邏輯，套用在貓糧上，可能是希望買貓糧的人，會因為熟悉這套基本原理而認同。

不管是「清淡」還是「減肥」貓糧，清一色都是脂肪含量很低。而用什麼來取代降低的脂肪呢？你猜對了，是過度加工的穀物碳水化合物加上無法消化的纖維。毫無疑問，這樣的食物根本無法扭轉之前的高碳水化合物食品所造成的傷害。吃減肥貓糧的貓得到的自然養分更少了，因為纖維量提高造成便祕，而且降低養分的消化速度。蛋白質和脂肪對大腦發出的飽足感訊號更低了，因此貓想吃下更多食物。更多高度加工的碳水化合物被吃下去，刺激胰島素更進一步過度分泌，造成更多脂肪的累積。如此的循環持續進行著。通常貓體重並不會減少，除非把食物減到接近挨餓的分量。更糟的是，貓因此而永遠處於不開心的挨餓狀態。

貓是多肉多蛋白質低碳水的生物。對大多數的貓而言，食物中的脂肪不會讓貓太胖，高碳水食物才會。貓是典型的高蛋白質物種，高碳水食物不僅會讓貓生病，而且是致命的。在接下來的章節，我們會一再看到高碳水食物的壞影響。

如何判斷貓是否過重？

1. 如果你的貓是成年母貓，體重應該介於三至五公斤之間。例外的是純種的緬因貓、挪威森林貓和布偶貓。這些品種的母貓體重可能會介於五‧五至六‧五公斤之間。

2. 如果你的貓是成年公貓，而且不是以上所提的大骨架血統貓，體重應該介於四‧八至五‧四公斤之間。大骨架的血統貓正常體重是介於六至八公斤之間。

3. 即使你的貓沒有超出以上所提的標準範圍，還是有可能過重。一個判斷的方式是讓你的貓用後腿站著，看你的貓有沒有「腰」，即介於肋骨下方和後腿上方之間的部位。貓體型不應該是完美的長方型或四方型。貓天生具有比臀骨還要寬的肩膀和肋骨，跟人類游泳選手一樣。

4. 另一個測量貓是否過胖的方式，是觀察貓肋骨處的脂肪。把你的手掌貼在肋骨部位，如果手掌感覺不到肋骨，那你的貓至少有一點過胖。如果連你的指尖都無法感覺到肋骨，表示有很多脂肪堆積，貓非常需要減肥。

5. 如果你的貓不再打理自己的毛，或是舔不到身體一些部位，例如尾巴下面、後腿、和肚子，因為過多的脂肪橫隔其間，那表示是時候採取一些行動讓你的貓更健康了。

沒有科學研究貓過胖以及成因嗎？

最近我們看到一些貓過胖的研究，刊登在寵物食品公司的刊物裡，甚至一本獸醫期刊中。這些研究很顯然反應出寵物食品公司察覺到，一般大眾對高碳水化合物貓糧越來越關切。二〇〇五年晚期，賓州大學獸醫系刊出一份研究報告，內容是針對「低碳水」食物是否可以減肥以及預防體重增加，研究對象是兩組只吃乾飼料的貓。（見159頁「想一想」。）

研究的結論混淆不清，部分是因爲沒有用到眞正的低碳水化合物、以肉爲基底的食物，另外部分是因爲過胖或正常體重的實驗貓，全都住在同一個地方，而且可以吃到彼此的食物。這份研究的結論提到「此份研究觀察所得，來自於本研究使用的食物。以研究爲目的而調製的食物配方，以及適當的研究設計，有可能無法反應食材不同所造成的影響，並可能主導養分組合。」說得一點也沒錯。

雖然這個研究的科學家的公正以及客觀令人欣賞，但研究的出版也會對獸醫造成影響。他們會相信關於碳水化合物和過胖，這份研究眞的證明了一些重要的東西；他們會相信食物中的碳水化合物，對貓體重的增加與否，並沒有什麼太大的影響。然而事實上，這並不是這份研究所證明的。

另外一份喬治亞大學（University of Georgia）所做的實驗結果，被刊在一家大型寵物食品公司的推廣刊物中。兩種高碳水乾飼料的影響被進行研究，對象是一小群過胖和沒有過胖的貓，時間長度是幾個月。再次地，和貓會自然吃下去的食物相比，這兩種被研究的貓乾飼料並非「低碳水」。碳水化合物含量比較低的那份食物，被歸類爲「低碳水」食物，儘管含有 23% 的碳水化合物。這份刊物的編輯是一家寵物食品公司的業務代表，根據他的描述，這份研究顯示「健康貓對不同程度含量的碳水化合物適應良好」。對一個單方面的實驗做出如此的結論，眞是令人吃驚。沒有低碳水食物被使用在這份範圍狹窄的研究中，加上對貓進行的測試種類，都不允許如此的結論被提出。這是兩個以結果爲導向的研究例子，事先設計以證明寵物食品公司已經提出的論點。很不幸的是，這種「研究」誤導飼主和獸醫，相信有眞正的科學實驗在支持寵物食品。這是寵物界的意見領袖該站出來，進行如何餵食貓的**眞正**科學研究的時候了。

如何幫貓減去危害健康的贅肉

家貓過胖的原因和飲食有關，解決方式當然是從養分下手。我們必須移除食物中的碳水化合物，用貓需要的蛋白質和脂肪來取代。幸好做法很容易。大部分的貓濕食都有比例正確的熱能營養素，不但可以保持貓健康，同時還可以開始減肥。僅僅只是把貓食從高碳水的乾飼料改成低碳水的罐頭，貓體內負面的新陳代謝影響，會在一夜之間開始逆轉。很多貓不會吃下過量的濕食，即使是無限量供應。當食物攝取量足夠時，濕食（罐頭或自製肉餐）的蛋白質和脂肪會對貓的大腦發出自然的飽足感訊號。

有些原本吃乾飼料的貓，有吃過量的後天習慣，因為乾飼料的養分組合並不恰當之故。像這種貓，尤其是過胖的貓，定時定量才是恰當的做法。這麼做可能會對飼主比較不方便，畢竟餵乾飼料時只要別讓碗見底就行了。乾飼料餵食的方便性完全比不上寵物健康的價值，我相信這是每個關心寵物健康的主人都會同意的。

過胖貓每個月會減去一〇〇至四五〇公克之間的體重，沒有也不需要嚴格限制食物分量。一隻非常過胖的貓，體重大約六‧三公斤或更重，每天大約需要 250 公克的優質濕食，便足以提供熱量所需，滿足感達成。一隻沒有這麼胖的過胖貓，體重大約介於五‧四至六‧三公斤之間，每天大概需要 170～200 公克的低碳水濕食。如此分量的食物可以幫胖貓減肥，漸進而且安全。貓會恢復以前的活動力，而且會開始舔毛打理自己。關節炎造成的疼痛會逐漸消失。藏在胖貓體內的那個運動選手，又可以出來玩耍了。

一旦你的胖貓體重開始下降，切記，任何乾飼料對減肥成功的貓都是

不安全的。或許有一天，寵物食品公司會發明新的製造方法，讓貓食不但具備乾飼料的方便性，同時含有罐頭和生肉的營養成分。但是那一天還沒有到來，既使是含有馬鈴薯或樹薯的配方，你的易胖貓也絕對不能吃乾飼料或是酥脆點心，因為有很高的含糖量。

　　某些貓可能要花一些時間才能轉吃全濕食，畢竟貓是習慣性的動物。我至今尚未見過學不會愛上濕食的貓，這個新食物帶來的好處，值得努力換食。

如何從乾飼料轉為濕食

　　乾飼料是很容易上癮的食物，尤其對一些貓而言。如果你的貓一生只吃乾飼料，可能會抗拒吃比較營養的濕食。如果已經吃了一段很長的期間，貓會對乾飼料上癮，就如同小孩容易對垃圾食物「上癮」一樣，我看過許多這樣的貓。當主人想要轉成比較營養的食物時，不願換食的貓變成一個挑戰。幸運的是，只要方式正確加上一些耐心，我沒有看過換食不成功的貓。對乾飼料上癮的貓，我建議以下的換食步驟：

1.　選擇有肉食材的罐頭或妙鮮包。避開澱粉類蔬菜食材，例如馬鈴薯、玉米、米、任何形式的小麥、胡蘿蔔，以及任何水果。這些食材不僅充滿糖和碳水化合物，而且會降低嗜口性。和穀物、蔬菜以及水果比較起來，有肉的貓罐頭對你的乾飼料貓比較具有吸引力。有些貓喜歡吃魚罐頭，也可以拿來當成轉食的工具。

2.　選擇不同口味和質地的肉底罐頭或妙鮮包，提高挑嘴貓至少有一種會

吃的機率。

3. 如果你的貓喜歡肉湯汁（像人吃的鮪魚罐頭的魚肉湯汁），剛開始轉食時可以把這種湯汁淋在濕食上面，營造一種有醬汁的口感，提高貓對新食物的興趣。如果你的貓喜歡吃肉，也可以把烤過的肉放在濕食上。轉食期間，運用你的想像力選擇放在濕食上的「誘食劑」。需要誘食的時間不會很長。

4. 有一些促進食慾的藥物，例如塞浦希他定（Cyproheptadine，一種抗組織胺藥物〔Antihistamine〕），服用二毫克後大約二十分鐘，可以讓貓產生食慾。大部分的貓在吃下一兩次的濕食後，都會願意繼續吃，所以這種藥物只有換食初期時的短暫需要。你需要跟你的獸醫討論這個問題。

5. 在嘗試吃濕食之前，許多乾飼料上癮的貓願意吃嬰兒肉泥。可以餵貓吃嬰兒肉泥，如果有必要的話甚至可以放在手上餵貓吃。也可以把嬰兒肉泥舖在你希望貓吃下去的濕食上面。

6. 下下策是把貓喜歡的乾飼料和罐頭或妙鮮包混在一起。用漸進的方式，慢慢提高濕食的分量、降低乾飼料的分量。

7. 不要讓貓超過三十六個小時沒有進食。以肉為底的食物，即使每天只吃 85 到 110 克，就可以提供足夠的蛋白質，避免脂肪肝（見第 22 章）。如果你的貓有吃下這個量，改變食物的計畫就可以繼續下去。

藉由使用以上的方法，即使是最頑固的乾飼料貓，我也成功讓貓轉吃濕食。如果你的貓在轉成全濕食之前，就已經有固定吃一些濕食，轉食過程是不會有太多麻煩的。

過度肥胖──沉默的傳染病

21

貓科糖尿病──人為的殺手

一九九○年，專家估計，在任何時候美國的糖尿病貓總數至少是十五萬隻。從那時候開始，寵物貓數量大幅提高，造成這個疾病的負面影響也隨之增加。大多數的獸醫都同意，隨著時間過去，他們看到越來越多的糖尿病貓。我本人當然也是如此。我診療過的貓超過兩千隻，在任何時候，至少有五十隻是糖尿病貓，大約占病患比例的百分之二‧五。如果這個數字有接近得到這個嚴重疾病的真正貓口數字，那麼在任何時候，全美至少有一百五十萬隻糖尿病貓。這是一個令人震驚的數字，因為有這麼多貓同時得到這麼嚴重、而且往往是致命的疾病。

有人會說，糖貓數字的增加，不僅只是因為總體貓數量增加而已，同時也是因為今天的貓得到更多的健康照顧。貓主人似乎越來越瞭解固定帶

貓去給獸醫檢查的必要，而且在家中也更加仔細觀察貓的一舉一動。和一九九○年比起來，當然現在大部分受到良好照顧的貓是住在室內，當貓生病時，主人比較容易注意到，進而立刻帶貓就醫和治療。即使得到健康照顧的貓數量增加是部分的解釋，但過去二十五年來貓生活型態的改變，也是造成貓在成年期才得到糖尿病的機率提高的原因。

我們知道室內貓的運動量少於戶外貓。對想要預防過胖和糖尿病的人來說，運動是很重要的，對貓或許也是如此。然而就算是戶外貓，每天也都花上十八到二十小時在睡覺。即使成天可以自由自在四處遊盪，戶外貓玩耍和打獵也只占去每天短短的時間而已。另一方面，我知道我那些只吃低碳水食物的室內貓病患並沒有過胖，當然更沒有得到糖尿病，儘管牠們無法出外打獵和遊盪。室內貓運動量受限，並不是過胖或是得到糖尿病的主因，儘管目前的想法皆認為缺乏運動是貓得到糖尿病的唯一理由。

吃低碳水濕食的貓，比較可能避免過胖並且維持活動量，即使是住在室內。這是因為高碳水的食物，尤其是乾飼料（需要高碳水才能製成顆粒狀），讓貓血糖巨幅振盪，跟人類吃糖果是一樣的道理。血糖巨幅振盪會讓貓覺得懶洋洋的，不想和人或其他動物玩耍。是如此的影響讓貓不愛運動，而且影響遠大於居住在室內這個事實。（英文資料請見：petdiabetes. wikia.com/wiki/Main_Page）

貓科糖尿病──為何這麼常見的病卻遭受如此的誤解？

成年貓才得到的糖尿病（第二型糖尿病），是因為大量的葡萄糖（血糖）進入血管，但是胰臟沒有製造及分泌足夠的胰島素來應付血糖。得到

糖尿病的貓，胰臟對血糖升高沒有做出回應。當這樣的情況發生時，貓開始感到極度口渴，尿量也會多於平常。通常糖尿病貓的食量也會增加，但是體重卻逐漸減輕。如果沒有加以治療，貓會開始嘔吐、嚴重脫水、病懨懨的沒有精神。

貓的糖尿病要確診很容易。血液和尿液檢查會出現明顯升高的血糖值，伴隨典型的臨床症狀出現。雖然這樣便足以判斷確診，不過其他檢查也可以知道，目前已有多少跟隨糖尿病而來的續發性傷害存在。因為糖貓本身無法製造足夠的胰島素，所以治療方式是注射胰島素，就跟人得了糖尿病一樣。幾十年來，這一直是治療糖貓的標準做法，但大部分的糖貓在被確診後，病況並無法獲得良好的控制，即使他們的主人已經竭盡全力給予最好的照顧，並且每日注射胰島素。

一九八〇年代，研究人員研究如何用改善飲食的方式，提高糖貓的生活品質。他們的結論是：提高貓糧的纖維量，可以幫助控制糖尿病。這個高纖維的見解受到獸醫的歡迎，而贊助這個實驗的寵物食品製造商，開始製造含有大量難以消化的纖維、亦即纖維素（木頭纖維）的糖貓食品。

這套理論認為，加入纖維可以干擾從腸道進入血管的糖分被吸收。隨著消化難度的提高，食物中的糖進入血液的速度變慢，所以血糖不會巨幅振盪，這是控制糖貓的困難之所在。這個理論看起來似乎是符合邏輯的。到目前為止，獸醫用處方食品來治療小動物糖尿病已經有二十年的時間。問題是：這是一個沒有效的做法。（譯註：本書英文版於二〇〇七年出版，所以獸醫用處方食品治療糖尿病已近三十年；審譯註：目前糖尿病處方食品多半採用高蛋白低碳水配方，但可想而知這些標榜「低碳水」的處方食品的碳水化合物比例還是高得驚人，大約在 15 ～ 20%。）

這個研究及其結論是在貓食中加入高纖維以良好控制糖貓，都存在著一些嚴重的問題。首先，他們研究的基礎是比較「高碳水**高纖維**」以及「高碳水**無纖維**」的食物。在這個實驗中，和高碳水無纖維的食物比較起來，高碳水高纖維的食物確實比較能控制糖尿病。但如果因此而做出結論，認爲高碳水高纖維的食品才是糖貓最佳的食物選擇，其實是誤導的。

　　想像一個實驗證明了當人得到糖尿病時，爲了控制病情，加上纖維的糖果比沒有加纖維的糖果還要好，因爲高纖維糖果中的糖分，被吸收的速度比較慢。想像這個實驗的結論是，得到糖尿病的人，應該吃添加了無法消化的纖維的糖果來控制。事實是大部分的人醫都會對他們的糖尿病患說不可以吃糖果，因爲不管有沒有纖維，糖果的糖分都會讓糖尿病難以控制。

　　如果這些一九八〇年代的研究員，研究的是**低碳水**食物對糖貓的影響，而不是試圖操控高碳水食物中糖分的吸收，他們會發現取走食物中的碳水化合物，對控制糖尿病才會有更大的幫助，效果會遠遠優於在高糖食物中，加入難以消化的蔬果殘餘物。吃高碳水高纖維的貓，依然會有高血糖的問題。再者，高纖維食物讓貓的糞便量大大增加，有時還會便祕。更糟的是，高纖維的食物嗜口性並不好，飼料商必須添加很多人工調味料，騙肉食性的貓吃下非常不自然的食品。更甚者，這種食品的分量還得控制，所以你的貓時時處於飢餓狀態。

需要乃發明之母

　　一九九四年，我一隻名叫胖金的貓得到糖尿病，首次帶領我踏上瞭解

糖尿病之路。雖然當時我已經有十七年的獸醫執業經驗,但和所有獸醫一樣,我也是用高碳水高纖維的處方食品,搭配注射胰島素,治療我的糖貓病患。和我所有的同業一樣,我知道有高纖維實驗研究的存在,並相信那是當時可得最好的資訊。但是如同我其他糖貓病患,胖金的狀況始終非常難以控制。血糖值在極高和極低之間來回振盪。糖尿病引起的「酮酸中毒」(Diabetic Ketoacidosis),即胰島素太少導致高血糖狀態被延長,在牠身上發生過數次,讓牠飽受折磨。

胖金也經歷過血糖過低而引起的抽搐。牠的狀況簡直是醫療惡夢。在胖金和我被牠的糖尿病折磨了一年以後,備受挫折的我做了一件當時沒有人做過的事。我回頭看過去一年自己所做的事。我自問,「為什麼這件事這麼困難?到底我是哪一部分沒有做好,讓貓的狀況無法獲得改善?」

當我問自己這個問題時,我已經在一家最大的寵物食品公司工作幾乎十年了。我對乾飼料和罐頭的生產過程有頗多瞭解,也很清楚寵物食品中有什麼食材。我知道製造乾飼料時,製造商要加入很多穀物。乾飼料含有極高的精緻碳水化合物和糖分。食物中的糖分被快速吸收後進入貓的血液,攻擊肝臟和胰臟的新陳代謝機制。更糟的是,當貓成天「嚼著」高碳水食物時,這樣的攻擊就持續不斷地進行著。不管食物是高碳水高纖維,還是高碳水低纖維,都是一樣的循環。

發現到這一點之後,我開始在想是不是高碳水食品讓胖金的病情難以控制。我還在想也許是食物的關係,讓牠常常處於飢餓狀態。是不是因為我給牠的食物碳水化合物太多,而其他可以維持健康且控制糖尿病的養分卻太少?我決定拿牠做實驗。我把牠的食物從高碳水高纖維的乾飼料,換成市售貓罐頭。我選的罐頭碳水化合物很低,但有很多胖金的身體極為需

要的蛋白質和脂肪。實驗結果之好是我做夢也想不到的。只吃了一天的罐頭，胖金的血糖值就立刻下降。我得停止給牠一直以來的高劑量胰島素。如果改變食物後，我沒有減低胰島素的劑量，牠可能會有嚴重的低血糖問題。改變食物五天後，胖金就不再需要注射任何胰島素了。光吃罐頭牠的血糖值就非常漂亮。

我開心極了。多麼令人意外的結果啊！但胖金只是一隻貓，一隻貓不足以構成一個完整的實驗。我知道必須要有更多的糖尿病貓加入實驗。幸運的是我有認識其他也在執業的獸醫，願意用我的新方法去治療一些糖貓病患。我們把十二隻糖尿病貓的食物換成罐頭，每一隻都獲得改善。我們發現當貓不再吃高碳水高纖維的食品，改吃罐頭之後，所需要的胰島素劑量都大大降低。有很多甚至跟胖金一樣不再需要胰島素。慢慢地，我們讓更多的貓改吃罐頭，而結果都是一樣的。對糖貓而言，這個做法絕對往前跨了一大步，對貓主人也是。

在朋友的幫忙下，我把我的新想法拿去申請專利。一開始我抱著存疑的心態，很懷疑這個「不需要大腦思考」的新想法可以獲得專利。我知道那並不是什麼艱深的學問，只不過是一個簡單的、有邏輯的做法，一旦有仔細思考，一切是那麼理所當然。但那的確是一個全新的想法，沒有人以書面提出過，所以我在二〇〇一年三月獲得了來自美國專利商標局的專利權（專利權編號 6,203,825；美國專利商標局官網 [U.S. Patent and Trademark Office Web] 可看到註冊內文）。

是什麼造成貓得到糖尿病？

多年來，獸醫知道過胖貓似乎比較容易得到糖尿病。事實上，我們大多覺得體重過重，的確是**造成**糖尿病的原因。但是今天，我並不認為一隻貓身上多了幾磅肉，是造成糖尿病的一個原因。我相信過胖和糖尿病來自相同的原因，並不是一症造成另一病。雖然我們的確看到很多糖貓同時也有過胖的症狀，但這些貓也許只是基因上傾向於過胖的同時也有糖尿病；但造成這兩種狀況的原因其實是相同的。我們常看到貓只有其中一種狀況，並非兩種都有，這沒有什麼好懷疑的，歸因於每隻貓的獨特基因組合。瘦貓得到糖尿病的比例並不少，所以體重恰當並不表示能保護貓不會得到糖尿病。再者，當過胖貓得到糖尿病時，在適當飲食及胰島素的控制下，很多在減去該減的體重之前，病況就已得到良好控制。

如果過胖不是造成糖尿病的直接原因，那什麼才是？貓跟人一樣，好的基因絕對有功勞。有些貓天生帶有讓牠們比較可能、或是比較不可能，得到糖尿病或其他疾病的基因。但是，故事並非就此結束。在得到或避免得到一種疾病這件事上，例如糖尿病，其他環境因素也扮演一個很大的角色。毫無疑問，對貓而言（對多數的人類也是一樣），造成糖尿病的最重要環境因素是食物。*

現今的室內貓幾乎都是以乾飼料為主食。當一隻貓的基因傾向於過胖

---

*在少數的例子中，糖尿病和內分泌疾病一起出現，或甚至是內分泌疾病造成糖尿病。其他荷爾蒙疾病，例如甲狀腺機能亢進、庫欣氏症（Cushing's Disease）以及肢端肥大症（Acromegaly），可能會讓糖尿病變得比較複雜。用本章描述的原則治療糖貓後，如果還是很難控制，應該請獸醫檢查是否患有以上所提的荷爾蒙疾病。

或是得到糖尿病時，如果食物中有很大的一部分是糖，就會得到這兩種病。在多年的執業經驗中，我從未見過任何一隻只吃罐頭或自製肉食的貓得到糖尿病；同樣地，我也從未見過只吃低碳水食物的貓，體重誇張地過重。過胖和糖尿病的起因，是貓的身體時時被乾飼料中精緻的碳水化合物所淹沒，日復一日、年復一年。如此持續的血糖爆衝，終於耗盡肉食動物小小胰臟的能力，因為貓的進化，從來沒有為這種持續攝取高碳水化合物食物做準備。在許多貓身上，持續的血糖上升讓胰臟把糖分轉成脂肪（見第 20 章）。不管有沒有糖尿病，結果都會造成過胖。

為什麼吃乾飼料的糖尿病貓，很容易低血糖？

許多施打胰島素的糖尿病貓，會經歷週期性的低血糖（或稱急性低血糖），血糖直線下降。這些貓，例如胖金，會變得虛弱或昏睡，甚至可能會抽搐。這些都是貓的腦部沒有獲得足夠糖分的跡象。這個嚴重的併發症，在吃乾飼料的糖貓身上太常見了。但是，我們並沒有看到這些血糖過低的臨床症狀，出現在以低碳水濕食為主食的糖貓身上。為什麼？

要回答這個問題，我們必須先瞭解貓的胰臟和肝臟是如何一起運作的。如同先前所提，胰臟的重要任務之一，是確保血糖值不要過高。另一方面，肝臟的重要任務之一，是確保血糖值不要過低。胰臟和肝臟的團隊合作，讓血糖值穩定維持在健康的正常範圍內。一天當中，胰臟穩定地製造少量的胰島素，以回應升高的葡萄糖，而且胰臟也會製造另一種激素，亦即升糖素（Glucagon），以回應下降的葡萄糖值。升糖素在肝產生作用，促使肝分泌其貯存量並不多的葡萄糖（也就是肝醣 [Glycogen，糖原]），

以及促使肝臟從氨基酸中製造大量的葡萄糖，這個過程稱之為糖質新生。在健康貓體內，這兩個器官合作無間，讓貓的血糖值保持在正常範圍。

在正常貓身上，當胰臟和肝臟感覺到血糖值明顯下降時（例如劇烈運動時），比較多的葡萄糖（血糖）會在肝臟中被製造出來。這是一個有經過仔細設計的肝臟活動，因為住在自然棲息地的貓，從食物中得到的糖分極少。食物中的蛋白質和氨基酸是貓的糖庫。

如先前所提，乾飼料有大量的碳水化合物和糖，給胰臟帶來壓力，造成一些貓得到糖尿病。在吃乾飼料的貓身上，胰臟並不是唯一被擾亂的器官。當貓食中的碳水化合物過高時，肝臟的功能也會變得不正常。原本肝臟應該要分泌糖分，以回應血糖微幅下降，但吃乾飼料的貓無法做出此一回應。因為固定攝取來自食物的高糖量，肝臟失去迅速回應血糖下降的能力。

因此，吃乾飼料的貓的胰臟再也無力回應高血糖，肝臟也無法正常回應低血糖。沒有任何針對貓所做的研究，以瞭解食物中有高碳水化合物時，到底是發生了什麼轉變，讓貓的肝臟比較無法對葡萄糖下降做出回應。也許乾飼料貓的胰臟所製造的胰島素和升糖素，都被血糖過高（Hyperglycemia）抑制住。在這種狀態下，胰臟不再能夠以激素來調整血糖，以維持血糖值在正常範圍內。在一個被過多血糖淹沒的環境中，肝臟也可能變成無力回應升糖素。

不管是哪一種狀況，碳水化合物已經造成貓的身體「失能」，必須完全依賴劑量準確的外來胰島素。提供精準劑量的胰島素是很困難的。這就是為何在努力控制乾飼料貓的血糖時，飼主會覺得很受挫。

爲什麼低碳水食物在糖貓身上功效如此良好？

　　有一件事原本頗令人費解。攝取大幅減低糖分的食物的貓，血糖值變得比較低並不意外（就像得了糖尿病的人不吃糖果或是高糖分食物一樣），但當時很多貓也因此不再需要注射胰島素倒是令人感到訝異。跟其他獸醫一樣，我原本一直以爲糖貓的胰臟已經永遠停止運作了。我過去治療過的糖尿病貓，吃的不管是有沒有纖維的高碳水食物，沒有一隻可以停止施打胰島素。這是怎麼回事？可以確定的是，貓的胰臟開始再度運作了，否則即使是吃低碳水的罐頭，還是會永遠擺脫不了注射胰島素才對，至少也要打低劑量才行。但是好多我們治療過的貓不再需要注射胰島素，因爲牠們的胰臟在運作了。多麼振奮人心，那意味著很多糖貓，甚至是幾乎所有的糖貓，都是可以被治好的。這已經變成事實，但貓主人都知道貓是不同的個體，所以每隻貓的反應不盡相同，請見以下病例：

美姬・瞎巴
　　美姬是十歲的白色長毛女生。跟我大部分的患者一樣，她從幼貓起就以乾飼料爲主食。她的主人偶爾會開罐頭大餐給她吃，但每天的主食是所謂的「高級乾飼料」，少量多餐。十年來她一直很健康，體重維持在三・六公斤，也不算過重。有一天，美姬的主人發現她好像變瘦。他們可以很清楚看到她的背骨，即使她是長毛貓。她食慾不好，但是很愛喝水。當我看到美姬時，她已經有脫水的症狀，體重減輕到三・二公斤。血檢顯示她的血糖值是 410 毫克／分升（mg/dL）（這是測量每 1/10 公升中 [1 公升等於 1000 毫升] 血液的含糖量，即每 100 毫升 [cc 或 ml] 的血液中，含

有 410 毫克的糖）。正常貓的血糖值是介於 50 ～ 120 毫克／分升之間。美姬的尿中也有糖分。

我們讓美姬住院，開始只餵她吃罐頭。美姬簡直是欣喜若狂，一天可以獲得兩次罐頭大餐！第二天，美姬的血糖值降到 180 毫克／分升，第三天降到 100 毫克／分升。我們讓美姬出院回家，不用注射胰島素。我們跟瞪巴一家說，美姬以後只能吃罐頭。一週後美姬完全恢復正常，血糖值平均是 90 毫克／分升。她的主人一天餵她吃兩次罐頭，至今美姬維持正常（兩年後）完全不需要注射胰島素。她已經吃回來那瘦去的○‧四公斤，而且狀況良好。

狗屎蛋‧莫非

狗屎蛋是一隻八歲已結紮的虎斑短毛米克斯公貓，他的主人非常愛他。莫非先生單身，狗屎蛋是他的室友兼莫逆之交。莫非先生在狗屎蛋還是幼貓時，便從收容所領養了他。過去八年一人一貓相依為命，乾飼料是狗屎蛋唯一的食物來源。

有一天，莫非先生發現狗屎蛋老是在水碗附近打轉。這對狗屎蛋而言是很不尋常的行為，因為白天他大多是在大窗子前曬太陽。同時，狗屎蛋幾乎每隔一小時就去一次貓砂盆。這當然也是很不尋常的行為，所以莫非先生帶著狗屎蛋來找我做檢查。狗屎蛋體重六‧三公斤，（我跟莫非先生說他的理想體重應該是五公斤），但狀況良好。他吃乾飼料的狀況也很正常，而且還蠻活潑好動的。我們採取血液和尿液做分析，數字顯示狗屎蛋得到糖尿病，他的尿液中有很多糖，血糖值是 490 毫克／分升。

我們讓狗屎蛋住院，開始餵他吃罐頭。他喜歡新食物，用餐狀況良好。

第二天，在沒有用胰島素的情況下，狗屎蛋的血糖值降到 300 毫克／分升。光是食物的改變就對他助益良多。我們每天補充一個單位的胰島素兩次（我向來使用一種特別的胰島素，名稱為「魚精蛋白鋅胰島素」[Protamine-Zinc Insulin，簡稱 PZI]，用在貓身上效果最好），第三天狗屎蛋整天的血糖值介於 100 ～ 150 毫克／分升之間。我們讓狗屎蛋出院，指示他主人每十二小時給他注射一個單位的魚精蛋白鋅胰島素，以及改吃罐頭為主食。

　　一週後狗屎蛋來測血糖值，指數是 60 毫克／分升。這表示狗屎蛋的血糖值在標準偏低，胰島素需要減量，甚至完全不用。我們讓他停止注射胰島素二十四小時，再次檢查他的血糖值，依然是 60 毫克／分升。我們請狗屎蛋回家，跟莫非先生說不需要再幫他打胰島素，一週後再來醫院驗血糖。一週後狗屎蛋的血糖值依然在標準偏低。到目前為止，他已經超過一年不需要注射任何胰島素。他很健康快樂，一年之中大概瘦了一公斤。莫非先生知道再也不要餵任何乾飼料。以下的故事告訴我們為什麼得過糖尿病的貓不能再吃乾飼料……

胖金・哈吉肯斯

　　我自己的貓，胖金，那隻病情始終無法控制的糖貓，讓我踏上思考之路，想著我們獸醫到底是哪兒出錯的貓，病況控制良好。他的血糖值在正常偏低已經快要兩年，而且沒有注射任何胰島素。他開心地吃低碳水化合物的罐頭，體重由五・四公斤瘦到五公斤。有一個週末我和我先生要出遊，所以送胖金去貓旅館住宿。我們跟旅館管理人千叮嚀萬交代，胖金只能吃我們帶去的罐頭，其他食物都不能給。

　　度假回來後我們接胖金回家。回家第一晚，我們立刻發現他極度口渴，

而且貓砂盆都是他的尿。我驗他的血糖值，竟然是 400 毫克／分升！胖金的糖尿病復發了！真是令人深受打擊。我開始再度給他低劑量的胰島素，並且去電貓旅館詢問胖金的住宿狀況。

旅館經理說，她覺得胖金只有在早上和晚上才吃我們帶去的罐頭，食物分量好像不夠。她認為貓時不時都需要「吃草」（graze，這是用在牛身上的字眼，不是貓），所以除了罐頭外，她還給胖金一些高級乾飼料。雖然她是出於好意，但她已經讓胖金糖尿病復發，而且是很快地復發。

幸運的是在注射胰島素兩週後，胖金的血糖值開始再度正常，我也開始減低劑量。當他自己的身體又可以把血糖值維持在正常範圍內時，我停止給他任何胰島素。從此胖金再也沒有吃過任何乾飼料，也沒有再打過胰島素。這對我而言是重要的一課，對我所有其他糖貓病患也是。得過糖尿病的貓如果再吃到高糖食物，糖尿病會很快復發，即使他們已經「正常」了好一段時間。他們自身沒有能力抵抗高糖食物，就算吃很短的時間也不行。

我們看過許多類似胖金的例子，糖尿病復元的貓，在吃了乾飼料後立刻再度需要胰島素。我跟我的病患飼主強調，糖貓終其一生都不能再碰高碳水食品。

雖然很多貓的糖尿病復元迅速，例如美姬、狗屎蛋和胖金，但有一些貓花了比較長的時間才回復正常。不幸的是，貓得到糖尿病的時間越久，復元之路就越漫長。雖然有很多貓逐漸 不再需要胰島素，但是病貓的飲食改變越晚開始，復元的過程就越辛苦。

流氓‧賽門

流氓是一隻六歲的短毛已結紮公貓，第一次見到他時，他的體重是九‧一公斤，就他的骨架而言，超重至少三‧五到四公斤。來到我診所之前兩年，他被當時賽門家那一州的獸醫診斷出糖尿病。流氓每天注射六個單位的「優泌林胰島素」（Humulin Lente Insulin，這是一種人體胰島素，不是我偏好的魚精蛋白鋅胰島素）兩次，食物則是高纖維高碳水的糖尿病處方乾飼料。流氓的主人對於過去兩年他的糖尿病都沒有進步感到不甚滿意。他之前的獸醫每月驗一次血糖和果糖胺（Fructosamine），然後根據檢驗數字調整胰島素劑量。有時流氓的血糖值很高，最高時達 520 毫克／分升，胰島素劑量得提高；有時他的血糖值很低，低到 100 毫克／分升，胰島素的劑量要減少。有一天，流氓甚至出現抽搐的症狀，因為他的血糖值降到 25 毫克／分升！那天他的主人帶著他衝去醫院，住院三天期間醫生給他靜脈輸液（IV Fluids）並且調整胰島素劑量。那是一個永遠不會結束的血糖高低振盪循環。當賽門一家快要放棄時，他們正巧搬家到加州橘郡，鄰居介紹他們來找我。

第一次見到流氓時，他體重九‧一公斤，過度肥胖。毛色暗沉而且有貓皮屑。流氓的主人說他喝很多很多的水，每天至少尿十次。每天他們得清空貓砂盆，因為尿量實在太驚人。流氓時時刻刻都在哭餓，每當他的碗空了，他就開始乞討食物，甚至偷吃人的食物，不管是餅乾還是洋芋片，只要能偷到手。他似乎永遠都吃不飽，而且完全不跟家人互動。當時他的家人每十二小時給他六個單位的優泌林胰島素。

我們讓流氓住院，發現他一天的血糖值介於 300 ～ 450 毫克／分升之間，儘管他每天已經注射了這麼多的胰島素。我們停打胰島素，開始只餵

他吃低碳水罐頭。一開始他的食量很少。流氓是「碳水化合物上癮者」，只想吃乾飼料。即使如此，在沒有吃乾飼料、沒有打胰島素的狀況下，他住院第一天的血糖值就下降了，落在 250 ～ 375 毫克／分升之間，就一隻沒有打胰島素的貓而言，進步驚人。我們開始每八個小時給他不同劑量的魚精蛋白鋅胰島素，兩天後他的血糖值降到 125 ～ 200 毫克／分升之間。他極度口渴和多尿的症狀消失了，而且越來越習慣吃罐頭。我們教賽門家用人的血糖機（Glucometer）在家幫流氓量血糖，一天二到三次。然後給他們胰島素，每八小時幫流氓打一次，劑量視血糖測量數字而定（見附錄 3）。

在居家血糖測試下，賽門家人發現流氓十二小時的血糖值介於 60 ～ 150 毫克／分升之間。我們停打胰島素一天，他的血糖值最高上升到 200 毫克／分升。我們開始根據血糖值給予胰島素。在接下來的兩個月，胰島素的劑量持續調整，他的身體對低碳水罐頭的反應也越來越好。後來他每十二小時需要不到半個單位的魚精蛋白鋅胰島素，終於在經過三個月適當的飲食和胰島素的控制下，流氓不再需要任何胰島素。

到目前為止流氓已經八個月不再需要胰島素，瘦了一・三公斤，而且毛色閃亮。他每天上廁所的次數是三到四次，水喝得不多，因為食物中就含有他需要的水分。貓皮屑不見了，而且變得活潑好動，賽門一家簡直不敢相信。他不再時時吵著要食物，一天只在用餐時間吃罐頭餐，而且更會撒嬌。流氓的主人持續在家一週幫他量一次血糖。

很不幸地，少數我治療過的貓，始終無法完全擺脫胰島素，不管我們多麼努力。這些貓沒有例外都是得到糖尿病很長一段時間，通常是好多年，而且一直無法得到良好的控制。對所有糖貓而言，在患病初期就改吃

正確食物，是未來能否恢復健康的關鍵。把食物改成高蛋白／高纖維／高碳水化合物的**乾飼料**是錯誤的，即使這種食物宣稱能夠有效控制糖貓。

就算病貓還是需要胰島素，保持給予低碳水濕食依然絕對必要，因為要讓血糖值越低越好，以避免酮酸中毒，那是一種因為血糖太高，而導致貓身體極度不適的症狀；低碳水濕食還可以避免血糖過低造成的虛弱、昏迷，甚至抽搐。所有乾飼料，即使是行之有年的高纖維糖尿病處方乾飼料，都會造成這些問題。就算是食用較新推出的、特地為糖貓設計的高蛋白質乾飼料，不但無法擺脫對胰島素的依賴，也擺脫不掉酮酸中毒和低血糖的威脅，因為這些乾飼料依然含有過量的碳水化合物。乾飼料對糖貓之所以致命的可怕，並非因為其中的蛋白質，而是因為碳水化合物太高。

胰島素

如果糖尿病貓需要注射胰島素，那麼胰島素的選擇和食物一樣重要。好幾種人體胰島素並不適合糖貓，因為貓自身的胰島素在結構上和人的頗為不同。萃取自動物的魚精蛋白鋅胰島素，是牛的胰島素，或是混和牛和豬的胰島素，雖然聽起來怪怪的，但牛和豬的胰島素，在結構上和貓的比較接近。因為如此的相似度，在規律糖貓的血糖，直到自身能夠再度製造胰島素之前，魚精蛋白鋅胰島素的效果比較好。因為只要低劑量的魚精蛋白鋅胰島素，就比使用人體胰島素效果好（包括「蘭德士」［Lantus］，那是一種甘精胰島素［Insulin Glargine］）。使用魚精蛋白鋅胰島素的糖貓，血糖值比較容易回到正常範圍內，讓貓的胰臟功能復工，開始自行供應胰島素。

貓科糖尿病——人為的殺手

好消息

　　原本吃高碳水乾飼料的病貓，轉吃低碳水罐頭後成效極為顯著。過胖的糖貓開始變瘦，即使罐頭的脂肪含量通常高於乾飼料。當衝向身體的糖分減少時，貓需要的胰島素相對降低。驚人的是，一旦不斷衝向身體的糖分停止了，「怠工」的貓胰臟似乎能夠恢復部分或甚至全部的能力，又開始製造胰島素，甚至製造升糖素。高血糖破壞胰臟的方式雖然我們還無法完全瞭解，但跟貓是嚴格的肉食動物絕對有關，而且在大部分的糖貓身上，病況是可以逆轉的。

　　這對糖貓和主人而言都是天大的好消息，因為主人原本註定終其一生都要幫貓注射胰島素；高低變化莫測的血糖值，讓貓的身體越來越虛弱，最終死於這無法控制的疾病。我們現在知道比較好的方式，可以控制甚至治好糖尿病。當我們使用新知，而不是無效的舊方法時，我們有能力把成千上萬隻的糖貓健康找回來。更令人開心的是，用正確的食物餵養我們心愛的絕對肉食動物，能夠**預防**未來幾百萬隻的貓得到糖尿病。對於真正地預防一個無望的舊症，這無疑是一個新希望。

糖尿病貓的特徵

1. 糖尿病貓都有吃乾飼料的歷史。根據我治療過好幾百隻糖貓的經驗，幾乎每隻都是長期只吃乾飼料。大部分的病貓吃的是最昂貴的乾飼料，所以即使是「頂級」的乾飼料也會導致糖尿病。乾飼料的碳水化合物含量極高，其中一些（所謂的「口味輕淡」或減肥乾飼料）有高

纖維。高纖食物並不能預防貓得到糖尿病，而且一旦得病也無法因為高纖維而控制病情。

2. 糖貓喝水量大增，尿量淹沒砂盆。如果你發現貓有這些症狀，請立刻帶貓就醫。獸醫會做血液和尿液檢查，判斷貓是否得到糖尿病。越早發現與治療，效果越好。你也可能會注意到貓吃得比平常多或少。有些病貓會開始常常嘔吐、體重減輕。不要疏忽任何重要的病兆。

3. 很多糖貓是已結紮且體重過重的公貓。如果你的貓符合這個特徵，當牠喝水量以及上廁所的次數有任何改變時，都要特別提高警覺。有些病貓甚至在還未走到貓砂盆時，就忍不住而尿在半路了。這些徵兆再再顯示要立即帶貓就醫。

如果貓得到糖尿病，你該怎麼做

一旦你的獸醫確診貓得到糖尿病，我有以下的建議：

1. 如果你的貓主食是乾飼料，不管是任何品牌，都要立刻停吃。任何乾飼料都無法讓貓恢復健康。如果你的獸醫並不知道乾飼料會讓糖尿病難以控制，這個建議可能會和他或她的建議完全背道而馳。請記住，你的獸醫恪守的，可能是多年前專家所做的研究。我們現在知道得更多，但是科學思考的改變，要花很長一段時間才會被應用在臨床上。跟你的獸醫討論除去貓食中碳水化合物的重要性；你可以幫助教育你的獸醫，以及改善其他許多病貓的照顧。

2. 你的獸醫可能會建議吃糖貓專用罐頭。這些罐頭基本上對病貓是好

的，但有些病貓就是不願意吃。幸好大部分的一般商業罐頭都很好吃，而且效果良好，可以有效阻止高糖分衝向貓的身體系統。如果你的貓是早期的糖尿病，或許改變食物就綽綽有餘了。除了食物改變以外，你的獸醫也會測量血糖值，決定是否需要胰島素。請避免選購含有玉米、米、任何種類的馬鈴薯、胡蘿蔔、蘋果及任何其他水果的罐頭。選擇以肉為主的食物，把碳水化合物的攝取量降到最低。

3. 如果你的貓轉換食物後需要胰島素，跟你的獸醫建議你想使用來自動物的魚精蛋白鋅胰島素（PZI）。這種胰島素曾經從市場消失，因為人體胰島素的發明讓它不再被人類需要。現在有好些地方可以再度買到魚精蛋白鋅胰島素，以供糖貓使用，但是也許你的獸醫還不知道。你可以藉由分享這個訊息，積極參與貓的照顧。避免使用非胰島素血糖控制口服藥，例如「泌樂得錠」（Glipizide）。有證據顯示此藥可能會對胰臟造成進一步的傷害。

一九九○年代晚期，加州大學戴維斯分校進行了一項研究，並且於二○○一年發表，卻被一家魚精蛋白鋅胰島素製造商（Idexx Lab）在最近拿來當做自我辯護的工具，試圖平反他們對產品劑量做出的非常不恰當建議。他們所做的劑量建議，和我自訂的嚴謹規則背道而馳（見附錄3）。時至今日，這個十多年前的研究早已過時，而且也不能做為處理糖貓的準則，因為研究完成的時間，早於我自己和其他人的發現，也就是適當的飲食才是管理與預防糖尿病的關鍵。（這個研究並沒有進行任何食物控制。）該研究還使用過時的方法來決定以下三件事：魚精蛋白鋅胰島素的適當劑量、施打時間點，以及主人在家自行測量血糖的重要性，以確保每

天都良好地控制血糖。

最近，在澳洲所做的一項小型研究顯示，一些剛得糖尿病的貓**當牠們轉食高蛋白、低碳水的食物時**，蘭德仕的甘精胰島素讓這些病貓恢復了健康。不過，這項研究並沒有真的顯示甘精胰島素的效果優於魚精蛋白鋅胰島素。和其他胰島素比起來，例如魚精蛋白鋅胰島素，甘精胰島素要比較久才會開始發揮效用，效期也較長。在這項研究中，並沒有採用能讓魚精蛋白鋅胰島素發揮最佳效果的給予方法。再者，原本吃高碳水乾飼料的病貓，在改吃低碳水濕食後，不管使用何種胰島素，通常健康狀況都會恢復正常，有些甚至還沒開始使用胰島素，所以來自這項狹窄研究的發現，並不表示可以證明在更多的病貓身上，甘精胰島素會是較佳的選擇。

在澳洲買不到魚精蛋白鋅胰島素，所以進行這項研究的科學家其實是在試圖確認一種在美國以外可以買到的胰島素的效用。在我治療過無數糖尿病貓的經驗中，在控制需要注射胰島素的貓時，我在所有種類的胰島素，包括甘精胰島素，找不到任何一種其效用是相當或優於取自牛的魚精蛋白鋅胰島素。

考慮買一台人用的家用血糖機，這樣你就可以在家幫貓量血糖，減少帶貓去醫院的壓力。居家測量並不能代替固定回診，但可以在平時提供主人很好的訊息（英文資料請見：www.felinediabetes.com/bg-test.htm）。所有人類糖尿病患者，都每日自行測量血糖值。人用的血糖機可以給貓用，操作簡便，而且貓也不會痛。越來越多飼主購買血糖機自行測量，在我的病患中，大約有九成進行居家測量，然後以電話或電郵的方式告訴我測量結果。就我病患的經驗，居家測量的準確度十分理想，對病貓造成

的壓力也減少很多。

如果你的貓剛得了糖尿病，按照以上所提的方式，或許可以幫助你的貓在幾週或幾個月之內，回復健康。（英文資料請見：www.yourdiabeticat.com）

如果你的貓「尚未」得到糖尿病，你可以怎麼做

1. 如果你餵貓吃乾飼料，請不要再餵了。貓吃乾飼料越久，越可能得到糖尿病、過胖，以及對乾飼料中的特別調味料上癮。大部分的貓都願意換吃罐頭，有一些還吃得很開心。如果你的貓很頑固不願改變，可以在濕食上灑一些乾飼料，引誘牠們吃新食物。第 20 章有提到如何幫貓轉食。你的獸醫或許有些建議可以給你，幫助對碳水化合物上癮的貓改變食物。**即使你得想方設法發揮創意，說服你的貓做改變**，立刻改變食物仍是絕對必要的。

2. 購買罐頭時，要先閱讀產品標籤。有些罐頭含有穀物以及其他非肉類食材。在罐頭貓食中，穀物、蔬菜和水果是沒有必要而且品質不好的食材，加入這些食材只是爲了增加食物分量，所以避免購買有此類食材的罐頭。貓是肉食動物，最好的食材是肉，不是穀物、水果或高糖的蔬菜，例如馬鈴薯、胡蘿蔔和水果。越多人購買以純肉爲食材的罐頭，拒絕以增加食物分量爲目的食材，未來市場上純肉濕食的選擇就會越多。

3. 如果你的貓太胖，改吃罐頭就可以甩去多餘的脂肪，而且是沒有餓到的減肥。大部分的成貓每餐吃 85 ～ 110 公克的罐頭，一天兩餐就

很滿足了。這大約是一個小罐頭的重量。大罐頭則是介於 155 ～ 400 公克之間，一樣照前述建議量餵食。非常胖的貓（介於六到九公斤之間，或以上），也許需要吃多一點才有飽足感，每餐可以餵 110 ～ 140 公克，一天兩次，直到貓的體重低於六‧三公斤。

4. 你在寵物店買的零食含有很高的碳水化合物，跟乾飼料一樣，所以不要買來餵貓。如果你想拿零食來打賞，或習慣每天特定的時間餵零食（例如睡覺前），選擇冷凍乾燥的肉類，沒有添加任何增加食物分量的食材。有很多雞肉、牛肉、肝和魚口味的冷凍乾燥零食，貓都很愛吃。

今天，我們有機會停止一個致命的疾病繼續發生。立意良善的各位，包括飼主、寵物健康專家和科學家，幾十年來聯手為寵物健康而努力。在這過程中，犯錯在所難免。餵食過度加工、高碳水食物便是其中一個錯誤。我們知道以前犯了錯，現在該是回過頭，朝正確的道路走去的時候了。

22

脂肪肝和胰臟炎——更多食物引起的疾病

有兩種貓科疾病我們還蠻常遇見的，即脂肪肝（Hepatic Lipidosis）和胰臟炎（Pancreatitis）。對脂肪肝我們有很多瞭解，胰臟炎則知道的比較少。這兩種病都和我們拿不適當的高碳水食品來餵貓吃有關，因為貓是絕對肉食動物。高碳水食品攻擊肝臟和胰臟控制血糖的功能，造成貓過度肥胖，容易得到脂肪肝。

脂肪肝

脂肪肝會造成中度到重度的肝臟功能損壞，需要立即的醫療。我們知道造成脂肪肝的根源，是來自於累積在肝臟細胞和組織中的脂肪。過多的

脂肪在肝臟形成阻塞，造成肝臟無法正常運作。我們還知道絕大部分的脂肪肝，是出現在幾天或幾週沒有正常進食的普通胖或非常胖的貓身上。因為幾乎所有得到脂肪肝的貓都是胖貓，所以造成脂肪肝的主因是貓過胖。我要再一次強調，預防貓過胖是很重要的，做法是讓貓一輩子都不要吃乾飼料。

當胖貓幾天沒有進食，不管是出於何種原因，就有可能會得到脂肪肝。貓肚子餓的時候，貯存在體內的大量脂肪會被釋出，經由血管流向肝臟。對所有挨餓的動物而言，這都是一個正常的反應，讓動物可以撐到獲得食物。在正常的狀況下，脂肪被蛋白質包起來，然後一起通過血液，到達身體需要熱量的地方。但是貓，尤其是過重的貓，在無法獲得蛋白質的情況下，只有大量的脂肪同時流向肝臟，脂肪開始堆積進而瓦解肝臟的正常功能。

堆積在肝臟的脂肪，以及隨之而來的肝臟功能受損，讓貓更加不願意進食。即使造成貓不願進食的原因已經解決，貓已經得到脂肪肝，一個惡劣的循環已經展開。不願進食以及脂肪肝持續的時間越久，病況就會越嚴重。要扭轉病況，醫療照顧刻不容緩。有時候可能是生病引起食慾不振，例如感染或腫瘤，如果是因為生病造成食慾不振而導致脂肪肝，那麼獸醫一定要兩種病一起治療，才有復元的機會。

然而在大部分的脂肪肝病例中，造成貓不願進食的原因從來沒有被找出來，因為在出現脂肪肝之前，不願進食的原因已經不復存在。如果是這種狀況，只要針對脂肪肝治療，身體就會恢復健康。邏輯上，治療脂肪肝是提供病患需要的蛋白質，讓肝臟得以釋出細胞中多餘的脂肪。這是非常直接的治療。最主要的治療方式是讓病貓進食，確保肝臟有獲

得足夠的蛋白質和熱量，讓脂肪可以再度在體內移動。醫生通常會開肝臟營養補充品給病貓服用，例如 S 腺苷甲硫氨酸（S-adenosylmethionine，簡稱 SAM-e）和奶薊（Milk Thistle，一種菊科植物，又稱乳薊），一直到血檢確定肝臟功能恢復正常為止。

脂肪肝的診斷

在主人注意到更嚴重的症狀之前，脂肪肝貓的共通點是，有幾天或是幾週沒有食慾或是無法獲得食物。常見的症狀是貓的皮膚開始泛黃，稱之為黃疸（Icterus 或 Jaundice），因為原本肝臟會處理的廢棄物質（膽色素 [Bile Pigments]）累積在皮膚上。膽色素通常是被分泌到腸胃道後由糞便排出。因為肝臟失去處理這個物質的能力，色素累積在血管中，最後「弄髒」皮膚使其呈現橘黃色。

即使在黃疸出現之前，脂肪肝病貓就會開始出現明顯的症狀。主人會注意到貓沒有精神、嘔吐、腹瀉和其他症狀，顯示貓很不舒服。脂肪肝貓通常會脫水和體重減輕。雖然後者是許多疾病的症狀之一，但是透過血檢、尿檢、X 光和超音波，可以幫助確診。一旦確診是脂肪肝，而且找出造成脂肪肝的病因，如果有的話，獸醫會開始給病貓水分和養分，扭轉因為沒有進食而引起的症狀。

當我一九七七年從獸醫學院畢業時，貓的脂肪肝幾乎沒有例外是致命的疾病，因為我們當時並不瞭解脂肪肝的起因。時至今日，我們知道如果可以提供病貓足夠的蛋白質和熱量，肝臟就會恢復健康，貓會存活。就是這麼簡單。因為脂肪肝會讓貓很不舒服，光是把飯碗擺在病貓面前是無法

展開復元之旅的，因為脂肪肝讓貓沒有進食的慾望。所以為了確保救命的養分可以進到病貓體內，往往需要幫病貓裝上把食物送進腸胃的餵食管。也許這聽起來很可怕，但幫貓裝餵食管其實很簡單容易。管子裝好後，貓甚至可以回家，主人只要遵從醫生的指示，把食物送進管子進入貓體內。每隔幾小時就把營養的、布丁狀的、「幫助復元」的高蛋白低碳水食物裝入針筒中，然後推進餵食管，進入貓胃，幫助病貓的肝臟恢復健康。

如果管子是被裝在食道（Esophagus），那麼在管子「存在」的狀況下，貓可以也會願意進食。也就是說即使管子還沒有被移除，隨著肝臟恢復健康，貓會開始回復正常胃口，願意自行進食。當貓願意自己進食，獸醫會移除管子，病貓會繼續走向復元之路。如果病貓減去多餘的脂肪，繼續吃低碳水高蛋白質的食物，脂肪肝就不會復發。

胰臟炎

貓胰臟炎是一個尚無法被完全瞭解的疾病。得到胰臟炎的貓，確診難度高於狗，而且致病的直接原因幾乎從來沒有被找出來過。胰臟受到外力創傷、中毒、腫瘤和感染，或是身體任何其他部位的外力創傷、中毒、腫瘤和感染擴散到胰臟，都可能會造成胰臟炎，雖然源自於這些原因的胰臟炎病例並不多。

胰臟炎的臨床症狀通常不是很明確。病貓可能會發燒、拒絕進食、而且好像肚子痛。有時候病貓有嘔吐歷史，而且身體脫水，但是有時候貓只是有點「不對勁」而已。很可惜的是，和狗比起來，可以確診貓胰臟炎的血液檢查比較少。用超音波檢查胰臟和腹部，是最好的診斷方式。

有一個相當新的檢驗方式，「胰脂酶免疫活性指數」（Pancreatic Lipase Immunoreactivity，簡稱 PLI），或許可以幫助確診胰臟炎。只不過這個檢驗方式既昂貴又費時，要等好幾天才能得到檢驗結果。即使胰脂酶免疫活性指數確認胰臟有發炎，還是得依據症狀加以治療，跟確診前的治療方式其實是一樣的。（審譯註：現在已經有 PLI 的檢驗試劑可以在十分鐘內得知結果，但影像學仍然是較好的診斷方式。）

胰臟炎的治療方式通常是針對嘔吐和脫水，以及有些病貓的身體疼痛。排除任何中毒、發炎、腫瘤，或其他任何明顯的造成胰臟炎的原因，當然也是刻不容緩的。傳統的治療方式也會搭配低脂高碳水的食物。很不幸的是，用這種食物治療是不正確的。大部分的獸醫會同意「貓並不是小狗」，但是當貓得到胰臟炎時，我們卻還是傾向於用治狗的方式去治療貓，也就是認同脂肪會造成或是加重胰臟炎。

從來沒有任何令人信服的證據，可以用來證明得到胰臟炎的貓，身體無法接受食物中的脂肪。再者，我們在前面好幾個章節有討論到，餵貓吃高碳水食品是一個多麼不明智的做法。高碳水食品不但不適合貓的胰臟，甚至是有害的。高碳水食品可能會對已經開始倦勤的胰臟帶來更多傷害。胰臟炎病貓跟其他所有的貓一樣，都應該吃高蛋白低碳水食物，避免碳水化合物讓胰臟發炎的狀況更加惡化。

胰臟炎可能會跟糖尿病同時發生（胰臟無法分泌胰島素），或是因此缺乏讓消化在腸胃道進行的胰臟酵素。事實上，糖尿病貓同時有輕微的胰臟炎，是蠻典型的狀況，因為發炎破壞胰臟發揮正常運作的能力。如果病貓缺乏胰島素和胰臟酵素，必須注射胰島素，或是在食物中加入酵素，直到胰臟可以再度正常分泌胰島素和酵素。

討論胰臟炎原因的獸醫文獻，沒有把長期的營養不當，對胰臟所造成的影響列入考量。所謂營養不當，指的是高碳水的貓乾飼料。沒有把最常見的胰臟毒素列入考量，即攝取大量的碳水化合物，是阻止我們瞭解胰臟炎問題的絆腳石。在研究人員開始探索高碳水乾飼料和胰臟炎這兩者之間的關聯之前，胰臟炎會繼續讓獸醫迷惑不解，而且對治療和預防造成挑戰。

脂肪肝和胰臟炎

23

貓的膀胱泌尿道問題——再也不會了！

在成貓當中，最常見因為營養而造成的疾病是膀胱炎（Cystitis），亦稱為泌尿道發炎（Urinary Tract Inflammation，簡稱 UTI），出現機率僅次於過度肥胖。多年來，獸醫一直在跟這個看起來很神祕的疾病奮戰，但成功率卻很低。病貓排尿困難或是血尿，甚至可能因為阻塞而根本無法排尿，變成一個威脅生命的緊急狀況，需要立刻就醫。

為什麼貓會出現泌尿道問題？

貓是非常成功的、自然的健康物種，當牠們自行覓食時，很少出現重大的泌尿道問題。然而，在一九七〇和一九八〇年代，獸醫開始看到大量

的膀胱炎（膀胱發炎和感染）、膀胱結晶和結石，以及泌尿道阻塞的病貓出現。在阻塞造成急性腎衰竭，而且沒有及時治療的情況下，很多貓甚至因此而死亡。獸醫還發展出一種新的外科手術，稱之爲**尿道造口**（Perineal Urethrostomy），也就是把公貓的尿道（Urethra）切除，讓有結晶的尿液可以比較順暢地從膀胱排出體外。這個手術對長期有排尿障礙的貓而言是可以救命的，但是很痛而且造成身體殘缺。很不幸的是，這個手術和其他不是那麼激進的治療方法，就長期而言並非總是有效。

可悲的是，在數百萬的泌尿道病貓身上，專家對這個問題的分析有瑕疵，因此想出來的解決方式當然有誤。泌尿道問題的出現，跟越來越多人開始餵貓吃乾飼料在時間點上完全巧合。事實上在乾飼料出現之前，貓的主食是肉，包括商業或其他來源，當時的貓並沒有泌尿道問題。寵物食品公司的科學家對這個問題加以研究，所獲得的結論是：商業食品中的鎂含量造成泌尿道問題。他們驟下結論，只因爲尿液中的主要結晶體成分是鎂鹽（Magnesium Salt）。這些專家認爲一定是食物中的鎂含量太高，才會造成尿液中的鎂太高。他們的理論是膀胱中的高鎂造成結石的形成。然而，這些專家沒有考慮到的是，以自然獵物爲食的貓，食物中也有明顯的鎂含量，然而卻是由完全不同的食材組合而成。

寵物食品公司的科學家，的確有注意到乾飼料貓尿液的主要不同點。這些乾飼料貓的尿液是鹼性而非酸性。鎂結晶形成於鹼性，而非酸性尿液中。他們覺得如果在貓的食物中添加酸，並移除鎂，問題就可以解決。很多不同的「處方食品」因此出現在市面上，而且只能跟獸醫購買，以治療或是預防泌尿道疾病。然而，這種方式只得到部分的效果。很多吃這種食物的貓，泌尿道問題依舊復發。更糟的是，有些病貓甚至形成不同的結

晶，即鈣鹽（Calcium Salt）結晶，也稱草酸鈣（Calcium Oxylate），因為牠們的尿變得太酸。對這些貓來說，牠們所獲得的治療方式，反而和泌尿道問題一樣折磨身體。

乾飼料造成泌尿道問題的另一原因是和濕食比較起來，它只有極低的含水量。一隻以乾飼料為主食的健康貓，就算有充分的水可以喝，和以濕食為主食的貓比起來，乾飼料貓的尿液濃度還是比較高。雖然乾飼料貓會喝比較多的水，但是並無法藉由喝下足夠的水，補足食物中的低水量。這個狀況極有可能是因為貓的進化起源地是在沙漠以及其他乾燥環境，所以貓對食物以外的水需求並不高。當食物本身就含有很高的水分時，貓自然對食物以外的水沒有很高的需求。在我們剝奪貓食物中的水分時，我們造成貓處於相當程度的脫水狀態，以致於帶來嚴重後果。

那些為了解決泌尿道問題而做的研究，從來沒有把低碳水、以肉為主的濕食，放進研究的選項當中。相反地，那些被拿來做研究的食物，通常是低水分、以碳水化合物為主的食物、有著不同的酸性食材，以及不同程度的鎂含量。在針對此病的營養研究上，乾飼料的高碳水化合物所扮演的角色，從來沒有被質疑或研究過。這種研究的疏忽，在過胖貓以及糖貓的食物研究中，我們也曾經看過。

在那些研究中，科學家尋求的解決方式，是修正調整以穀物為基礎的食物，進而達到有效控制這些疾病的目的（見第 20 章）。他們甚至沒有考慮到，以肉為基礎的濕食，或許可以為這些問題提供最佳解決方式。他們的結論是，高碳水加上難消化的纖維，在控制過胖貓和糖貓時，效果好過高碳水無纖維的食物。在只有比較兩種食物的狀況下，這個結論或許是正確的，但是卻無法真正解決問題，因為這些研究都沒有把真正的飲食解

法包含進去。

　　類似的情況也出現在泌尿道問題的食物研究上，因為研究沒有考慮到，貓自然的營養需求有可能才是合理的解決方法，所以問題沒有解決。人工製造的、對抗泌尿道疾病的食品，不但價格昂貴而且效果不理想，甚至可能引起其他疾病。事實上，開始有大量的貓出現泌尿道問題，是因為人把適合草食或雜食動物吃的食物，拿來餵肉食動物。

那麼，我們該何去何從呢？

　　過去二十五年，在處理泌尿道問題上並沒有什麼進步。獸醫和飼主都無奈地接受這個普遍存在但又嚴重的疾病，沒有令人滿意的方法可以預防或是治療。每週我都會看到吃下這種特別的食物，但卻沒有根治的新病貓出現。雖然做痛苦的尿道造口的病貓數字有減少，但是吃著昂貴「處方」乾飼料的貓泌尿道問題再次復發時，很多還是會被建議做造口。這些貓當中有很多被診斷為自發性膀胱炎（Idiopathic Cystitis），也就是「原因不明的膀胱發炎」。獸醫覺得如果連特別的食物都不能控制這個問題，那麼病因一定複雜且神祕，超越可理解的範圍，當然也無解決辦法。

　　諷刺的是，根除貓科泌尿道問題的方式，一直以來就擺在我們眼前。植物為基礎的食物，尤其是含有高度加工過的穀物以及水分非常低的乾飼料，是**造成**泌尿道問題的原兇，就是這麼簡單。就算含有特別添加物的泌尿道貓專用食物，還是會不斷造成這個問題的出現。另一方面，當貓吃以肉為底的濕食為主食時，並不會出現泌尿道問題。問題的起因，從來就不是食物中的鎂含量，而是水分極低、造成鹼性尿液的高碳水乾飼料。

以植物爲基礎的貓食如何造成泌尿道疾病？

如同我們在前面章節所討論到的，貓是絕對的肉食動物，幾百萬年以來都是以肉爲主食，而非植物。因爲像貓這種掠食者，在吃肉的同時也會吃下許多骨頭，肉食動物的飲食的代謝物（Metabolite）中有很多礦物質，包括鎂。鎂在貓的食物中從來就不是問題所在。問題在於乾飼料，因爲：

1. 吃肉的肉食動物尿液是酸性（酸鹼值低於 7.4），而非鹼性（酸鹼值高於 7.4）。貓乾飼料含有大量植物，造成非常鹼性的尿液。這對貓的膀胱而言是不正常的環境，導致發炎。吃肉可以製造非常健康的膀胱環境。

2. 乾飼料幾乎沒有提供水分，然而貓的自然獵物含水量卻是介於 75 ～ 80% 之間。貓不愛喝水，因爲其演化起源地之故。再者，長期吃乾飼料的貓，會處於沒有明確臨床症狀的脫水狀態，而且尿液極濃。尿液中有不自然的高濃縮礦物質和其他構成物，以及鹼性尿，導致泌尿道疾病。

3. 當一隻貓的主食是以肉爲底的濕食，尿液是自然的酸性，而且比乾飼料貓的尿來得稀釋。這些狀況不會造成結晶或結石，因此不會發炎。

如同我跟飼主所解釋，如果你把錯誤的燃料放進引擎中，表現不良是意料中事。假設你擁有一輛要加汽油的汽車，但是你卻加了柴油，車子的表現當然會很糟。餵貓吃植物正是相同的道理。我們把錯誤的燃料放進貓的引擎，當然引擎無法正常運作。如果寵物食品公司有瞭解到，以植物爲

基礎的乾飼料對貓而言是錯誤的燃料，關於如何解決泌尿道問題，也許他們可以做出比較好的決定。

該加汽油的車加了柴油，事後卻想在柴油中加入一些添加物，試圖修正加錯油的問題，是很愚蠢的；在乾飼料中加入所謂的正確添加物，試圖讓食物變成適合貓吃，也是同樣愚蠢的。簡單而又徹底的解決之道是回歸自然，餵貓吃以自然形式所呈現的自然食物。

這個簡單的解決方法不只是有效，而是非常有效，因為每隻來到我診所的泌尿道病貓，我都沒有使用任何特殊的食物，以作為療程的一部分。以下是一些我治療過的例子。

蜜西‧福爾伯斯

蜜西是一隻兩歲已結紮的短毛三花母貓，一直以來如廁習慣良好。身體健康，體重四‧三公斤。主要食物是「高級」品牌的乾飼料，她愛的罐頭濕食是偶爾才有的「大餐」。在來給我看診之前，她開始出現尿在砂盆外的「意外狀況」，她的主人當然是不開心的。蜜西的日常生活中，並沒有出現新的壓力源，而她的基本健康檢查一切良好。血液生化檢查也都正常。我們做了尿檢，發現蜜西的尿液中有少量的血和蛋白質，酸鹼值是8，尿液頗濃，尿比重是 1.055。這對貓來說是高濃度的鹼性尿液。尿中沒有結晶和細菌。我們的結論是，蜜西得到因為尿液濃度太高而引起的泌尿道發炎。蜜西的膀胱內壁並不是為了處理如此鹼性的尿液而設計，這不正常的狀況已經造成相當程度的發炎。

我們立刻把蜜西的食物改成全部以肉為基底的商業濕食，挑選不含玉米、馬鈴薯、紅蘿蔔和水果的貓罐頭，並指示她的主人不要給她任何乾飼

料。蜜西開心接受食物的轉換。我們還開了短效的消炎藥，幫助緩解泌尿道發炎的狀況，並減輕造成她頻尿和亂尿的膀胱不適感。三天內，蜜西就回復以往良好的如廁習慣，兩週後再次檢查尿液，沒有發現血或是過多的蛋白質，酸鹼值7、尿比重1.036。一個月後，酸鹼值6.5，來到一個非常可接受的酸度。蜜西的表現實在是太棒了，而且到目前為止已經有一年的時間保持在正常健康的狀況，而她的食物也不過是開架式販賣的商業濕食罷了。

羅傑·鮑曼

　　羅傑是一隻六歲已結紮的長毛公貓，有著復發的泌尿道發炎病史。他三歲時首次出現膀胱問題，在那之前他唯一的食物是一般貓乾飼料。首次發病時，他當時的獸醫要他轉吃一種特別的酸化食物，當做治療方式的一部分，從此那成為羅傑貓生唯一的食物。大約每隔六到八個月，羅傑就會出現血尿和用力排尿的狀況。他的主人看到他努力擠尿當然知道他又尿不出來了，所以每次這種情況出現時，羅傑就被主人帶去找獸醫報到。輸液療程以及抗生素似乎可以暫時解決問題。

　　羅傑來到我這裡看診是因為他的主人搬家，從別州搬到我住的加州。搬家後他的泌尿道發炎又突然復發，主人只得再次尋求醫助。當時羅傑的體重約七·二公斤，體檢顯示他的膀胱區域是疼痛的，其他一切正常。血檢指數正常，但尿檢顯示有蠻多的血球和蛋白質，酸鹼值5.5，尿液中有少量的碳酸鈣結晶，尿濃，比重是1.052，尿中沒有細菌。

　　我們用羅傑以往獲得的方式治療他，也就是輸液以及抗生素，另外還加了抗消炎藥。最重要的是，我們教育羅傑的主人，酸化食物在羅傑復發的泌尿道發炎中所扮演的角色。他們很困惑不解，因為他們相信特別為羅傑

挑選的食物，不就是為了要預防結晶的形成嗎？！我跟他們解釋說，其實羅傑現在的尿液太酸了，原因來自於他的食物。額外加到食物中的酸性食材，造成羅傑的尿液酸鹼值過低，過濃的尿液中有新種類的結晶，因為乾飼料中的水分含量太低。我教他們把羅傑的食物換成以肉為基底的全濕食，避開來自植物的高碳水食材，如此便可以自然地矯正羅傑一直以來的問題。

由於羅傑一輩子都在吃乾飼料，所以有好多天他抗拒食物的轉變。他的主人買了許多不同的罐頭和妙鮮包給他吃，找到一些他起碼一天願意吃下 85 至 110 公克的濕食。不到一週，他的食量增加到一天 200 至 220 公克，泌尿道發炎的症狀也消失了。

我們幫羅傑複診，間隔由兩週變成四週、八週、六個月。不到一個月，他減去了○‧四五公斤，而且尿中沒有血球、蛋白質或結晶。尿液酸鹼值 6.5、尿比重 1.035。六個月後他減去了一‧八公斤，整隻貓變得煥然一新，活動力前所未有得好，主人開心極了。轉換食物十八個月後，羅傑的泌尿道發炎沒有復發過，尿液複檢也一直都是正常的。

莫里斯‧卡西迪

莫里斯是一隻十歲已結紮的短毛公貓。主人說他已經無精打采好幾天，而且還連續兩天不吃飯，他的貓飯是一個「高級」品牌的乾飼料。體檢發現莫里斯有相當程度的脫水狀況，膀胱很大而且摸起來很硬，腹部靠近膀胱的部位很痛。我們立刻確定他的膀胱尿液排出體外的通道是完全堵塞的，他正處於一個性命交關的時刻。我們立即在膀胱插入導尿管，把血尿排出。抽血檢查並給予靜脈輸液。

莫里斯的尿液中有大量血球、蛋白質和鎂鹽結晶。尿液酸鹼值 7.5、尿

比重 1.06。他還出現急性腎衰竭的症狀，因為尿道堵塞至少好幾天。原本應該由腎臟過濾的毒素累積在體內。幸運的是，當莫里斯的排尿問題被修復，脫水狀況也因為給予靜脈輸液而排除時，腎衰竭跡象很快消失了，他甚至再度出現對食物的興趣。因為有大量結晶在尿液中，所以即使初步治療有了成效，我們還是把導尿管留置了四天，以確認他的尿道不再堵塞。血尿情況持續數天。超音波發現膀胱壁異常地厚，那是一堵「生氣」的膀胱牆，因為長期受到鹼性尿液以及濃度高的尿液形成的結晶「砂」的刺激。

　　莫里斯開始吃我們幫他選的一般商業濕食後，他的尿液酸鹼值降到6.5，而且尿結晶的數量降到低標。不到六天，他的尿液已經沒有肉眼可見的血跡，只有尿檢時有少量發現。住院一週後，莫里斯開心地出院回家。此後他每隔幾天就回來複診，以確定狀況維持良好。在與死神擦肩而過的八個月後，莫里斯依舊健壯，沒有任何泌尿道阻塞復發，或是永久的腎臟功能受損的跡象。他現在只吃商業罐頭或妙鮮包，避開含有碳水化合物的食材，例如玉米、米、馬鈴薯、地瓜、紅蘿蔔，或是任何種類的水果。我知道我永遠都不會再看到莫里斯帶著同樣的問題出現在我的診所，只要他的主人有給他貓該吃的食物。

　　在家貓中，真正的泌尿道問題都是因為食物中的營養成分所引起。雖然罕見，但在臨床經驗中，我們也見過壓力造成如廁問題，這是改變食物所無法解決的。這些貓的膀胱環境沒有典型的改變，不像我們在泌尿道發炎的貓身上看到的那樣。這些貓的問題是行為上，而不是身體上。過度擁擠的環境、貓同伴間不和諧的相處、環境大改變，以及類似的原因，都可能引發噴尿或是尿在砂盆外的狀況。這些貓以「行為」來表達心理壓力。

在這樣的案例中，雖然把食物由乾飼料改成全濕食依然是一個適當的做法，但找出造成貓咪行為異常的壓力源也是必要的。如果可以，主人一定要緩解壓力源。在那些主人無法完全排除環境問題的案例中，可以藉由藥物治療來幫助舒緩貓的焦慮，直到行為恢復正常為止。這些藥物並不一定要吃一輩子。有些貓吃了幾個月就改掉壞習慣；有些貓則是要長期吃低劑量藥物，以得到良好的控制。你的貓獸醫可以幫你判定貓的問題是來自於心理而非生理，進而建議可以解決這類行為問題的方式。

24

炎症性腸病──過去十年增加最多的貓科疾病

過去十年，炎症性腸病（Inflammatory Bowel Disease，簡稱 IBD；或 Inflammatory Bowel Syndrome，簡稱 IBS）的新增病例，可能超過任何其他的慢性病。三十年前，當我從獸醫學院畢業，開始從事小動物醫療和外科執業時，這個疾病並不普遍。時至今日，成貓的慢性腹瀉，有時伴隨慢性嘔吐，已是司空見慣。這些病貓通常做了許多昂貴的醫療檢查，包括腸胃道活體採樣檢驗，最後被宣判得到炎症性腸病。後續治療大多不甚成功。幸運的是，有一個簡單的解釋和解法可以治療這個疾病。

什麼是炎症性腸病？

炎症性腸病並不是一個病名，而是一個病理描述，指發生在貓的腸胃器官組織中，一個廣泛的病理狀況。很顯然有此問題的貓，腸組織、有時候是胃組織，免疫系統長期受到刺激，正常消化功能被破壞。液體被分泌進入腸子，造成腹瀉。發炎組織的過度蠕動讓腹瀉加劇，被消化吸收的食物養分降低。如果胃也受到波及，貓會嘔吐。隨著時間過去，X光和超音波可以看出腸胃道組織不正常的腫脹。

因為炎症性腸病是一種免疫反應的疾病，我們推測是某種腸胃道中的免疫系統刺激物造成這個問題。大部分的專家都同意這個看法。而食物是最有可能引起這個「過敏」反應的刺激物，因為和腸胃表面有直接接觸的主要物質，是食物中的食材。食物中的蛋白質和其他分子，造成腸胃道表面做出反應，好像這些分子是外來的侵入者。為了解決這個問題，符合邏輯的做法是去改變腸胃器官必須處理的物質。

如何治療炎症性腸病？

一直以來醫生都是用抑制免疫系統的藥物治療炎症性腸病，例如「強的松」（Prednisone，一種皮質類固醇），以及所謂的低敏食物（Hypoallergenic Diets）。這是個符合邏輯的治療方式，因為炎症性腸病是一種免疫反應疾病，但是很少出現令人非常滿意的效果。抑制免疫系統的藥物有副作用，而大多數的商業低敏處方食品則根本稱不上低敏。這些處方食品試圖使用和以前不同的蛋白質來源，例如羊肉和米，達到預期的

效果。很不幸的是，低敏處方食品幾乎都是乾飼料。事實上，商業食品中的許多極不自然食材，對炎症性腸病的貓造成刺激，尤其是乾飼料。

乾飼料中幾乎所有的食材，甚至大部分商業濕食中的食材，都能夠引起貓的過敏反應。如同我們在前面的章節一直重複提到的，乾飼料的食材和配方完全不適合貓的身體，其中的蛋白質來源，不管是來自雞肉、牛肉、羊肉、魚、大豆、蔬菜中的麩質蛋白質，或任何其他蛋白質，結果都是一樣的。如果炎症性腸病貓並不會對蛋白質食材產生過敏反應，那麼自然是對加上了以上蛋白質的其他一堆食材組合，產生了過敏反應。

近幾年有些寵物食品公司開發出「第二代」低敏食品。在這種非常昂貴的食品中，所有的蛋白質都被打散分解成氨基酸，也就是構成蛋白質的基本單位。這套理論認為，如果先把食物中的蛋白質分解為基本的氨基酸，貓可以獲得最不一樣的蛋白質。理論上這是一個很棒的想法；但實際用在貓身上時，效果並不好。和一般貓食相比，這些食物有許多相同的限制和不正常的配方。因為寵物食品公司的配方人員，並不瞭解所有乾飼料的基本問題，而且即使是商業濕食，都可能含有會造成貓腸胃道過敏的食材。他們都一致忽略了最明顯的解決方法。

那些製造貓食的寵物食品公司，完全沒有認知到改變食物可以徹底解決問題，所以正確的解決方法，從來就沒有被使用在商業貓食中。有少數的低敏罐頭不含高碳水食材，如果在過敏初期就食用這種食物，對輕微的炎症性腸病是有幫助的。然而，這些低敏罐頭並無法解決比較嚴重的炎症性腸病。這時我建議回歸最自然的貓食物，這才是最好、最徹底的解決之道。患有此病的貓，對商業食品中的人工和過度加工物特別敏感。貓需要自然的燃料才能跑得又快又好。當我的中度到重度炎症性腸病的貓飼主，

餵貓吃比較好的低敏罐頭都無法改善時，我都建議餵生肉。在描述這種食物之前，我們必須好好討論一下生的或煮過的肉，因為對大多數的獸醫而言，這是一個他們完全無法接受的做法（見第 25 章）。

25

餵貓吃生肉──安全且明智嗎？

如果你去問獸醫，貓可以吃生肉餐嗎，我很肯定大多數的回答是「不可以」。我曾經也是這種獸醫，相信生肉餐只會帶來災難。我在一家最大的「高級」以及「處方」寵物食品公司工作過多年，相信餵任何非商業食物、更不用提生食，是一個危險而且會造成嚴重營養缺失的做法。我被告知這種做法會導致細菌污染造成的食物中毒猖獗盛行，而且還會造成貓嚴重的營養不均衡。但事實上，沒有任何科學基礎可以證明這個極度的偏見，也就是反對餵貓吃牠們一直以來習慣吃的自然食物，而我卻花了十五年才瞭解到這個事實。

今天，當我聽到獸醫營養專家反對餵貓生食這個觀念，而且沒有提出任何證明，我感到十分吃驚。現在的寵物貓，其實吃生食已經有好幾千年

的歷史，這是一個單純的事實。早在寵物食品公司開始製造方便且過度加工的食品之前，貓就已經知道要吃什麼食物才能維持健康，而這種食物跟商業貓食一點關係也沒有。

　　在先前的章節中，我們討論過貓的身體結構、生理學，和新陳代謝機制，以及這些身體特色是如何清楚地反應出貓是上層掠食者，和大型貓科動物、猛禽（例如老鷹、隼、獵鷹等鳥類）、大部分的鯊魚、狼，和南美食肉魚等，屬於同一類。對這類的動物來說，自然獵物的肉才是最適合的食物。這一點無庸置疑，不應該以沒有根據的偏見反對餵貓吃生肉，因為畢竟貓跟其他肉食伙伴，高高盤踞在食物鏈的頂層。日復一日、年復一年，在西方文明露出曙光的幾千年前，貓的近親就已經開始狩獵吃肉，而且都是吃生肉。

◎參考資料：www.catnutrition.org

那麼污染呢？

　　如果說餵貓吃生肉這個主意，沒有實質的反對根據存在，那麼實際餵生肉時，有什麼合理的反對理由呢？第一個反對的理由，可能是肉會被細菌污染造成食物中毒。這當然是有可能的，就跟人吃生肉也可能食物中毒一樣（我愛吃壽司和生魚片），但是就我個人以及其他很多人的看法，這是一件可以良好控制的事，可是實際狀況顯然被過度誇大。今天，市面上已經可以買到使用人食用等級的肉所製作的寵物絞肉和全生肉餐，因為有越來越多的飼主餵寵物吃生肉（英文資料請見：omaspride.com 以及 www.mypetspride.com）。這些生肉餐都小心仔細地處理過，而且做好後就立刻

冷凍保存。

　　我選擇餵生肉的客戶和我一樣，都是在餵食之前才解凍生肉。處理家人食物時預防細菌感染的措施，也同樣用在處理貓吃的生肉上。很多人會說預防措施並非總是有效，我只能說在過去多年來，我採取的預防措施是有效的，因爲我客戶的貓和我的貓，都沒有發生過腸胃炎的狀況，連輕微的狀況都沒有。我衷心相信，進化使然貓的身體可以處理來自食物的少量細菌。很難想像一隻動物在捕獲獵物後就地吃起來，有時好幾個小時或甚至好幾天才吃完，會無法抵抗存在肉裡面的細菌而食物中毒，而這是大部分批評生肉者最關切的。

　　再者，如果肉眞的受到污染，我的貓是不會吃的。我自己曾經刻意測試過，而且我相信引導貓去吃生肉的本能，也會告訴貓哪一塊特定的肉不要吃，因爲有危險。在商業食品問市之前，貓已經存在幾千年，所以只有寵物食品公司知道如何正確餵貓，是一個完全不合邏輯的想法。

　　最近我讀到一篇新刊出的文章，作者是一位獲得認證的獸醫營養學家，在文章中譴責餵寵物吃生肉。這位作者指出支持餵生肉的人，相信他們的寵物沒有食物中毒。她進一步指出，獸醫根據症狀治療許多短期而且原因不明的腸胃炎，這位專家認爲這種病例毫無疑問是輕微食物中毒，只是沒有被發現而已。我完全同意這位專家的看法。然而這位專家完全沒有提到一個事實，那就是今天全世界的寵物貓，幾乎全部都是吃**商業貓食**。雖然有越來越多進步的主人餵貓和狗吃生肉，但是在美國以及全世界許多國家，商業寵物食品依然是餵食主流。如果獸醫是在不知情的狀況下，每天都在治療無數的食物中毒病例，那麼在這些病例中，就算不是全部，至少有大部分是吃商業寵物食品的動物。

當我在撰寫此文時，美國媒體正在大幅報導大量寵物罐頭召回的新聞，而且是好幾家主要寵物食品製造商同時在做召回的動作。這些罐頭被召回是因為貓吃了後得到腎衰竭而死亡。一年以前，我們也目睹了一件類似的貓狗乾飼料召回事件，因為製造乾飼料的玉米含有黴菌，其中的肝毒素導致貓狗中毒。這些召回都不是罕見的事件，而且點出一個和目前獸醫界的普遍信仰——寵物食品是絕對安全而且營養的——完全相反的事實。絕對安全以及值得信任嗎？事實並非如此。**商業寵物食品在本質上，並沒有比自製寵物食物，甚至人類食物，來得安全。**

　　「美國食品藥物管理局」和「美國飼料管理協會」，有在監督寵物食品業，以預防這些問題，只不過是一個假象罷了。很不幸的是，唯有大量的寵物生病並且死亡，我們才瞭解到商業寵物食品有可能會被嚴重污染。獸醫每天在治療動物時，從來沒有懷疑過其實那一包商業寵物食品才是罪魁禍首，當然會覺得商業寵物食品造成的問題很少。然而反對餵寵物生肉的聲浪不斷，儘管反對者提不出科學證明。

　　我們現在處於一個時代，人類醫生和營養師都堅持人應該吃更多新鮮而且完整的食物，以促進和維持健康。而在此同時，我們看到寵物食品公司的產品，在某些時候是如此不安全，例如這些令人害怕的食品召回例子。儘管如此，我們還是堅持相信我們的貓（和狗）一定要吃商業食品，雖然和生肉比起來，商業食品既不新鮮也不完整，而且顯然並沒有比較不會被污染。貓乾飼料充滿過度加工的碳水化合物和糖，表層噴灑了油脂以及來自動物內臟的發酵液體，穩坐商店架上和空氣接觸，一放就是好幾個星期、好幾個月，甚至更久。怎麼會有人相信這樣子的食品是不會被污染的？這完全不是一個有邏輯的想法，只是一個沒被仔細研究的信仰罷了。

生肉餐有適當的養分嗎？

關於貓的生肉餐，權威人士提出的第二個批評是有可能營養不均衡。這些人說商業寵物食品是「營養完整而均衡」的，適合各個不同的生命階段，或是某個特定階段，因為有通過「美國飼料管理協會」所制定的餵養實驗標準。這群人士如此堅持，不管有沒有補充營養品，生肉餐都沒有被檢驗過，所以不能被信任。

這套論點有許多問題。我們已經在第 3 章討論過，「美國飼料管理協會」的餵養實驗標準嚴重不足，以及這些實驗在過去並沒有發現到商業食品中其實有著嚴重的、甚至致命的營養缺陷。獸醫和專家錯誤地相信商業寵物食品的餵養實驗符合科學標準。事實上不管是生肉、商業乾飼料還是罐頭，在給動物食用之前，沒有任何食物有經過長期的、徹底的、科學的實驗。就這點而言，商業食品的優點並沒有多於自製食物。

可悲的是，可以證明食品安全和適當的長期餵養實驗，開始於飼主買了食品回家給動物吃的那一刻起。結果是，每一隻家貓都等同於實驗室的白老鼠。這並不是一個好的狀況，但**的確**是我們現在所面對的狀況。這些沒有受到監督的商業貓食餵養實驗，也就是以我們自己的寵物為實驗動物的實驗，證明了商業貓食，尤其是乾飼料，是徹底失敗的食品，因為這些「實驗對象」（也就是我們的貓）出現了過度肥胖、糖尿病、泌尿道問題、炎症性腸病以及其他許多過敏症狀等等我們隨便舉的幾個現在知道的例子。如果這些食物在上市之前，有真正進行長期餵養實驗，這些食物根本不可能會合格通過實驗。

那麼生肉餐的「餵養實驗」呢？和對手商業乾飼料比較起來，有適當

設計的生肉餐，被證明更為營養均衡且完整。事實上就我個人的執業經驗，我幾乎可以用生肉餐修正所有商業乾飼料造成的問題。吃真正的肉的貓，我從來沒有見過非常胖、糖尿病、泌尿道疾病，或是炎症性腸病，發生在牠們身上。許多人也見到相同的結果。再者，我沒有看到養分失調的狀況，發生在任何吃營養均衡的生肉餐的貓身上。

以我進行的斑點貓（奧西貓）育種計畫為例，到目前為止我餵養過五代小貓、懷孕母貓和成貓，這些貓**只吃**生肉，而且只添加了維他命／礦物質／氨基酸的一種綜合營養品。我的幼貓成長茁壯、母貓強健，而且整個孕期和哺乳期都維持著絕佳的健康狀況，成貓則是有著健康結實的肌肉，那是在乾飼料貓身上看不到的。在更早的過去，我餵貓吃乾飼料，跟現在許多的飼主一樣。然後我看到我先前所列出的健康問題出現在貓身上。現在我餵很多貓吃生肉，我完全沒有看到這些健康問題。我餵生肉的客戶也看到相同的結果。在此我要強調一個重點，吃生肉的貓出現這些健康問題的狀況並不是減少而已，而是完全沒有出現。效果如此驚人，怎麼可能視而不見？

我會不會想看到一個沒有偏見的第三方，進行長期的貓食餵養實驗，然後公開研究所得，以永遠解決這個食物的爭議？我當然會想看到。隨著越來越多的爭論出現，我衷心期待沒有偏見的科學家可以獲得贊助，針對所有的商業食物以及自製食物，進行適當的實驗。可惜的是，在獲得肯定的結果之前，還需要很多年的時間，因為如此的實驗一定要確實長期進行，才能取信於大眾，包括我自己在內。但是在此同時，以我本身在寵物食品業的工作經驗，以及身為一位獸醫和育種者的經驗，我深信設計適當的生肉餐，對所有的貓而言，不但安全而且營養均衡。

想一想

為了說明不能餵貓吃肉這種偏見是如何強烈且是下意識的反應，我問了一位獸醫同事兩個假設性的問題。這位獸醫同時也是我的好朋友，而且專業能力很好。我問的第一個問題是，假設有一隻三歲已結紮公貓，因為連續兩天出現嘔吐和腹瀉的症狀而被帶去就醫，這隻貓唯一的食物是「高級」乾飼料。貓狀況良好，身體和血檢一切正常，只有腹部輕微不適。我問我的朋友，他會不會覺得貓的問題是食物所引起。他回答說在這個階段他完全不會考慮可能是食物的問題。如果貓對保守療法沒有反應，他才可能會考慮也許是食物不耐，或是過敏，但是無論如何他都不會認為是食物中毒或污染。

然後我問他第二個問題。假設有另一隻貓，因為出現和第一隻貓相同的症狀而來就醫，不同的是，這隻貓除了吃「高級」乾飼料外，也有吃一些絞過的生雞肉。我問他生雞肉會不會是他關切的點。我的朋友說，他會把食物中毒列為貓身體不適的第一個原因，即使和這隻貓同住的貓也吃相同的食物，而且沒有異狀。我問他為何這麼信任商業乾飼料、且這麼不信任生食。他誠實地回答，說一直以來他被教育餵生肉是不明智的，因為有污染的疑慮，沒有人告訴他商業食品也可能被污染，造成腸胃道問題。他從來沒有思考過乾飼料的潛在問題：充滿碳水化合物，表層裹上動物脂肪以及發酵肉汁，在被買來餵貓吃之前，已經擺在商店架上和空氣接觸數週或數個月。

我同事的信仰沒有科學基礎，甚至沒有來自於他本身執業經驗的基礎。就像絕大多數其他獸醫一樣，他幾乎沒有吃生肉或熟肉的貓病患。他的觀點並非來自於仔細檢視餵食肉的貓食物中毒的病例，以及相對地餵食商業食品而沒有出現食物中毒的病例。他自己承認，他認為他治療過的所有出現輕微腸胃道症狀的乾飼料貓，都不可能是食物中毒，是因為他是如此盲目相信商業食品是安全的。

附錄 2 討論如何餵健康的生肉餐。也可造訪網站：www.catnutrition. org 獲得更多生食資料。

炎症性腸病是一種過敏反應

明顯的慢性腹瀉，一旦排除了寄生蟲、腫瘤以及其他新陳代謝疾病的可能性，那麼不管有沒有嘔吐，都可以被視為過敏反應。炎症性腸病是過敏性腸胃道疾病，因為**炎症性腸病**這個措詞，只是在描述一個存在於腸胃道中的慢性發炎狀態。我偏好用生肉或是稍微煮過的肉，來控制甚至治好這個症狀，而不是使用抑制免疫系統的藥物，因為和藥物比起來，

用肉去治療沒有副作用。

　　我甚至發現，即使是最難治療的長期炎症性腸病，如果一開始先讓貓食用絞兔肉，反應會非常好（食譜見附錄2）。貓的改變幾乎是無法想像的。病貓被帶到我的診所前，已經有多年大便沒有正常過，有時主人只是抱著姑且一試的心態而來；貓甚至被認為應該要安樂死，因為這個病對貓、病貓家人，以及主人的口袋都造成了壓力。主人通常已是無計可施。只要幾天的時間就可以讓病貓回復正常，這種滿足感是難以形容的。即使這種狀況在我的診所已經出現過許多次，每次出現時，我和我的同事總是開心不已。通常我們可以慢慢讓病貓轉吃其他的生肉，例如絞過的雞肉。幾乎在所有病例中，我們都可以避免採用免疫系統抑制藥物治療。

　　這個問題的解決方式，和其他食物引起的疾病一樣，簡單而且容易瞭解。即使商業配方有所謂的低敏食物，試圖用低敏食材解決這個問題，但卻沒有達到效果，尤其是乾飼料。對絕大多數的病貓而言，商業寵物食品使用的食材並非低敏。這些食材在工廠中被製成貓食，而這些工廠同時也製造幾十種食材非常不同的產品。低敏和非低敏產品之間的交叉污染，是一個確切存在的問題。就算非蛋白質食材以及製程不是問題的一部分，製造低敏食物的步驟、機器的數量，以及經手人員的數目，再再讓這種食物不可能達到廠商承諾的效果。如同我們之前討論過的，沒有真正科學的評量，比較這些食物和其他製程簡單的食物兩者之間的效果，所以低敏食品失敗的原因依然是個謎。

　　跟所有「處方」食品的問題一樣，尤其是乾飼料，低敏食品只是想藉由改造一種壞食品，讓貓的身體不會那麼排斥。然而真正的解決方法，必須回歸貓需要的基本營養。乾飼料並不是一個無法避免的選擇，雖然有些

專家和寵物食品公司真心信仰乾飼料。有合理而且容易的其他替代選擇存在，提供有效且明智的做法，解決這些嚴重的、甚至威脅生命的疾病，例如炎症性腸病。

同時需要食物和藥物治療的貓

有些炎症性腸病的貓，因為症狀存在的時間很久，所以除了用食物治療之外，還需要短期或長期服用免疫系統抑制藥物。針對這種病，獸醫最常用的是皮質類固醇（Corticosteroids），通常是強的松、去氫可體醇錠（Prednisolone）或是迪皮質醇（Dexamethasone）。類固醇可以抑制病貓腸胃道內強烈的發炎反應。使用這些藥物的原則，是要找出可以控制症狀的最低劑量，因為如果長期使用過量，類固醇會引起嚴重的副作用。服用類固醇的貓要避開高碳水乾飼料，這是很重要的，以降低最嚴重的副作用之一發生的可能性，即糖尿病。

另一種會拿來治療此病的藥物是環孢素（Cyclosporine），也是一種免疫系統抑制藥物，人器官移植時會使用到。雖然用環孢素來治療貓狗過敏是新做法，但是使用後的初期效果顯示此藥前景看好。（審譯註：目前已不算新做法，市面上也有不少動物專用產品，大多用在異位性皮膚炎。）

有些患有炎症性腸病的貓，其實也患有早期或是有機會形成**腸胃道淋巴癌**（Gastrointestinal Lymphoma），一種會影響腸胃系統的腫瘤。腸胃道長期的嚴重發炎，可能會導致腫瘤的生成，就好像長期受到香菸刺激的人的呼吸道最終會導致肺癌，是一樣的道理。

有時候，這種長在一些炎症性腸病的貓身體中的腫瘤，惡性程度輕

微，被稱爲**低度惡性腫瘤**（Low-Grade Malignancy）。和其他惡性程度比較高的腫瘤比較起來，不管是否源自炎症性腸病，低度惡性腫瘤比較容易控制管理。採取炎症性腸病的貓腸胃道活體組織做檢驗，可以判斷腫瘤存在與否，繼而決定是否也該同時治療腫瘤。有些病貓可能還沒有形成腫瘤，但是病理學家可以找到腫瘤前期的證據，顯示未來會發展成腫瘤。如果是這種病例，要採用化療藥物治療，例如瘤克寧錠（Chlorambucil），搭配服用皮質類固醇，可以救貓一命。我曾經見過許多腸胃道出現腫瘤前期症狀，或是低度惡性腫瘤的貓，接受食物和藥物雙管齊下的治療，包括服用瘤克寧錠，獲得了立竿見影的效果。

26

貓過敏了——該怎麼辦？

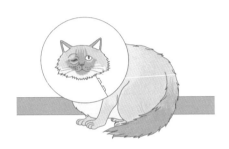

我們已經討論過，容易過敏的貓會出現的一種狀況。炎症性腸病是貓病患中，一種普遍的嚴重過敏反應。其他常見的過敏反應有過敏性皮膚病（Allergic Skin Disease）、氣喘、口腔炎（過敏性口腔疾病 [Allergic Gum Disease] ）以及過敏性耳炎（Allergic Otitis）。接下來我會指出這些問題其實都是互有關聯的，雖然貓可能只是出現其中一種狀況。我們可能會認為皮膚只是包覆身體表面、長了毛的部位罷了，然而參與過敏反應的反應細胞，其實可以在身體很多其他部位被找到，而且會造成問題，即使過敏反應的起源點是在別處。我比較傾向於認為皮膚過敏、炎症性腸病、口腔炎、氣喘和過敏性耳炎，是一個相同的基本問題所呈現出來的不同反應，通常衍生自造成過敏的相同物質。

過敏性皮膚病

　　許多貓主人有相同的經驗，就是貓常會不停地抓癢，抓到把毛扯下來。在我的診所中，每天都會看到有這種問題的病貓來就診。有時候貓只是用粗糙的舌頭表面用力地去「刮毛」，造成稀疏的短毛部位，看起來好像被剃刀刮過似的。除此之外，這些病貓的皮膚看起來是正常的。有些病貓則是舔到禿毛、皮膚有紅疹，甚至開放性傷口，這些脫毛和自殘的狀況會出現在後腿、腹部、尾巴頂部周圍、脊椎底部、前腿，或幾乎任何其他部位，有時是好幾個部位同時出現這個症狀。

　　被跳蚤咬到是造成皮膚過敏症狀最常見的原因之一。貓和狗一樣，會對跳蚤的口水和其他過敏原（Allergen，造成過敏反應的分子）過敏，症狀是皮膚奇癢無比，以致於出現自殘的行為。跳蚤造成的過敏部位**通常**是在後腿、尾巴周圍、背部近脖子處和腹部。任何沒有做好防蚤措施的貓，如果以上的部位出現落毛的情形，一定要先懷疑可能是跳蚤造成的過敏，或至少是部分原因。幸運的是如果是跳蚤造成過敏，或是以前曾經有過跳蚤，只要採用適當的方式除蚤，就可以除去過敏原。你的獸醫會給你最恰當的除蚤建議。

　　皮膚癢所造成的脫毛，有可能來自一種以上的過敏原。我時常看到皮膚過敏頗嚴重的貓，並且排除罪魁禍首是跳蚤。大部分的專家認為，非跳蚤造成的皮膚過敏，是身體吸入過敏物。毫無疑問，貓的確有可能因為吸入空氣中的分子而引起過敏反應，而且反應是呈現在皮膚上。這些造成過敏的分子，也有可能聚集在肺部造成氣喘，因為肺部是最直接接觸到被吸入體內的空氣中過敏分子的身體組織。過敏分子也會從皮膚擴散到身體其

他部位，例如耳朵。我還看過貓不但皮膚過敏、而且耳朵發炎，同時口腔也過敏。

　　就我個人的經驗，皮膚過敏通常有許多過敏原。吸入的物質可能有關，但我相信幾乎所有的過敏病例也和吃下去的食物有關。我會這麼相信是因為，把食物改成低敏罐頭或是生肉餐後，我的許多病貓至少都有部分改善了。即使是對許多過敏原過敏的貓，不管是吸入還是其他，就算某些過敏原依然存在於環境中，降低了貓必須面對的過敏原總數，通常可以舒緩症狀。要找出並移除所有過敏原往往是不可能的，但至少可以調整食物，把抗原的數量，減低到不會出現讓動物不舒服的過敏反應的程度。

　　我還沒有看過任何過敏原測試，像在人身上也會做的那種，對貓是有幫助的。我知道皮膚科獸醫會同意，目前貓的過敏原測試發展尚不如在人和狗身上那般完善。幫貓進行減敏治療，我也還沒有看到好效果。在過敏這一方面，我們對貓的免疫反應瞭解不足，也還沒有完成足夠的相關研究，以獲得良好的診斷和治療方法。這些治療和針劑注射都很昂貴，但往往效果不彰，和金錢付出不成正比。

　　如果情況眞是如此，我們要如何治療貓過敏呢？如同先前已經討論過的，一定要先排除不是跳蚤和其他寄生蟲所造成。一旦排除是跳蚤、壁蝨、眞菌等原因，我會立刻改變我的貓病患的食物。含有魚、牛肉，或穀物分量多的乾飼料和罐頭，是最有可能造成皮膚過敏的共犯。把食物改成低碳水、單一蛋白質來源，例如兔肉（見附錄 2），或是比較好的低敏罐頭後，我所治療的輕度過敏貓，大約百分之五十有良好的改善。不管病貓的過敏可不可以光靠食物就完全治好，食物的轉變是治療過敏以及健康的基本。

當食物無法完全治好過敏的時候，我會開始啓動抗組織胺藥物（Antihistamine）療程，例如服用「塞浦希他定」或是「苯海拉明」（Benadryl）。食物和抗組織胺藥物對另一部分的貓效果良好，在治療幾週後就可看到。如果抗組織胺藥物無法解決問題，我會給病患吃一種在獸醫界算是相當新的藥物「環孢素」，來治療最困難的皮膚過敏。環孢素使用在人類已經幾十年，大部分是用於器官移植和外科。那是一種免疫系統抑制藥物，用在器官移植的病人身上，預防排斥現象。過去幾年，這種藥已被核准使用在動物身上，而且用在治療寵物的某些過敏症狀時，包括貓，已經可以看到良好的效果。你的獸醫會幫你決定你的貓需不需要用到環孢素。

許多獸醫使用皮質類固醇治療貓狗過敏。雖然這種藥對治療過敏很有效，大多是強的松、去氫可體醇錠、迪皮質醇，但也有明顯的副作用，例如肝臟問題和貓糖尿病。我會給某些病患服用這種藥，尤其是癌症病患，或是有嚴重的免疫系統疾病的貓，例如天疱瘡（Pemphigus）和自體免疫貧血（Autoimmune Anemia）。在某些病例中，皮質類固醇是絕對必要的，因爲效果很好，值得冒產生副作用的風險。然而我並不相信可以長期使用皮質類固醇，來治療一般的皮膚過敏，除非這些貓對改變食物、抗組織胺藥物和環孢素都沒有良好的反應。

淑藍‧健達

淑藍是一隻十一歲的已結紮短毛母貓，長久以來有皮膚過敏和軟便的困擾。她的食物是「高級品牌」的乾飼料。她的主人要搬去位於另外一州的退休之家居住，雖然他們當時並不是我的病患飼主，但他們把淑藍帶到

我的診所，要求我進行安樂死。她的主人覺得在退休之家會無法養貓，而她多年來的身體問題，讓她的主人相信幫她找到新家是一件不可能的任務。他們試過許多療法，試圖改善她季節性的皮膚搔癢和腹瀉。我們檢查淑藍的身體，發現除了有過敏症狀以外，她的身體是很健康的。她的耳朵紅腫發炎，過度舔腹部和四肢後方的毛。體重良好，血檢一切正常。

　　我想要治療淑藍，因為我相信如果改變食物，或許她可以變回正常健康貓。她從來沒有試過改變食物的治療法。我詢問她的主人，是否願意把淑藍的所有權轉移給我，不要將她安樂死。我說我覺得或許我可以治療淑藍，如果我可以控制她的過敏症狀，她可以留下來當我的診所貓，或是日後幫她找新家。她的主人同意把淑藍的所有權轉移給我，並要求我告知淑藍的治療狀況。

　　淑藍胃口很好，立刻接受我幫她準備的低敏罐頭。我們一天餵她兩次，每次 85 公克。我們清理她的耳朵，並且開始一天點兩次耳藥。一週後，她的耳朵發炎狀況改善了，剛來時的布丁狀糞便也變得比較硬一些。換食物快要一個月後，她的狀況改善很多。糞便還不是非常硬，而且依然常常抓耳朵，但我還是開始餵她吃生的帶骨絞兔肉，加上一種維他命／礦物質／氨基酸營養品。淑藍很愛兔肉，簡直有如置身天堂。更棒的是，她的糞便立刻正常。改吃生兔肉兩週後，淑藍就完全正常了。

　　在我們領養淑藍六個月後，一位客戶想要給她一個新家。我們解釋為什麼淑藍需要吃加上維他命／礦物質／氨基酸營養品的帶骨絞兔生肉，才能維持身體健康。客戶也同意照餵。我們讓淑藍去新家，以為一切會很順利。可是三個星期後淑藍又回到診所。她的皮膚過敏老毛病又犯了，新主人說她不但軟便而且沒有拉在便盆內。新主人的兒子在父母外出度假時幫

忙看家以及照顧淑藍。他買了一般的罐頭和乾飼料餵她吃。三天內，淑藍以前的過敏老毛病就又回來了。我們都同意淑藍應該回到我的診所，從此安身立命住下來。

我們把淑藍的食物換回絞兔肉，再一次不到一週她就恢復正常，如廁習慣也是。到今天為止，淑藍過著備受寵愛的診所貓生活，既開心又健康。

過敏性耳炎（耳朵發炎，不管有沒有感染）

大部分的寵物主人知道狗普遍有慢性的耳朵感染問題，很少人注意到其實貓的耳朵發炎和感染也不算罕見。造成這個問題的最常見原因是過敏。其他原因包括貓癬（一種在耳內或靠近耳朵皮膚的眞菌感染）、耳疥蟲寄生，以及耳朵腫瘤。如果你的貓看起來耳朵很痛或很癢，或是耳內外有結痂、耳道流出分泌物，應該帶貓就醫檢查，找出眞正的原因。

如果其他造成耳炎的原因都被排除，你的貓罹患的應該是皮膚過敏造成的過敏性耳炎。這種耳炎是皮膚過敏的延伸。耳朵，以及通向鼓膜和中耳的耳道，被類似皮膚的組織所包覆。當貓患有過敏性皮膚病時，常常耳朵也會過敏。有時候，這種發炎呈現出來的狀況是耳朵的組織紅紅的，但是同樣常見的是耳道內有活躍的細菌或眞菌感染。這種感染屬於續發型感染，也就是長期發炎導致液體和耳垢的累積所引起的感染。細菌和眞菌（通常是酵母菌）會在這種環境中成長茁壯。

我們還可以看到小小的肉塊，稱之為**息肉**（Polyp），出現在過敏貓的耳道內。這種息肉只是進一步證明，過敏性耳炎的刺激和發炎本質。獸醫會用耳鏡（Otoscope）檢查貓耳朵，以確定有沒有感染或息肉。另外，

細菌培養以及用顯微鏡檢查耳道內的物質也非常有幫助，可以知道耳道內有沒有細菌或酵母菌。

一旦確定有續發型的感染，要治好這些感染可能頗具挑戰，尤其是如果感染已經存在數週或數月之久，而且沒有加以治療。如果有息肉，在治療其他的感染之前，通常需要先移除息肉。治療耳朵過敏時，我們當然必須阻止過敏繼續進行，用正確的抗生素或抗真菌藥物治療耳朵。我們同時還得擬定計畫，至少移除一些造成這個問題的過敏原。

許多引起皮膚一般過敏症狀的相同過敏原，也會造成耳朵過敏，即使身體其他部位只有出現最小的病兆。所以治療這些病患時我們所採取的方式，和治療皮膚廣泛發炎的貓是相同的。包括改變食物，把食物從含有牛、魚或穀物的乾飼料或罐頭，改為品質良好的低敏罐頭，或是上面所提到的全肉餐。我還會使用皮質類固醇治療耳朵過敏。因為耳朵滴劑內的類固醇，並不會大規模進入貓的體內循環，所以我相信可以用來治療耳朵過敏，而不會有使用皮質類固醇藥丸或注射針劑，治療大範圍皮膚過敏時的副作用出現。

我發現在治療單純的過敏性耳炎時，使用到環孢素或是皮質類固醇的機率並不高。如果過敏從耳朵擴散到身體其他部位，這是沒有成功地早期治療時會出現的狀況，你的獸醫或許會用到上述這兩種藥物。當你的貓耳朵出現疼痛或是搔癢症狀時，千萬不要掉以輕心。

過敏性口腔炎（牙齦和口腔過敏）

過敏性口炎，亦被稱為**淋巴球性漿細胞性口腔炎**（Lymphocytic-

Plasmacytic Stomatitis），是一種輕度到重度的紅腫和潰瘍，發生於牙齒周圍的部分或全部牙齦、口腔頂部以及後方咽喉組織。患有輕度口腔疾病和發炎的貓，常見牙齒有大範圍的牙垢和牙結石；然而過敏性口炎貓嘴巴會比較痛，但是牙垢和牙結石很少。從細胞種類在發炎中所扮演的角色，可以很明顯看出來，過敏性口炎是免疫系統對一種或多種過敏原產生的反應。過敏原可能存在於食物中，也可能從別處進入身體，啟動身體的過敏反應。感染到貓免疫不全病毒（貓愛滋，見第 8 章），也有可能造成輕度到重度的口腔炎。

有些專家相信某些病毒，例如卡利西病毒（見第 8 章），也有可能造成過敏性口腔炎。或許食物在某些病例中不是唯一原因，但是在考慮過敏原時，至少也應該把食物列入考量，尤其是那些沒有其他原發型感染的口炎貓。不同於大部分其他的過敏症狀，皮質類固醇對治療過敏性口腔炎並非特別有效，有些專家甚至認為是有害的。過去許多獸醫拔掉病貓全部或大部分的牙齒，試圖緩解病貓的不適。這個激烈的做法在有些貓身上的確有效，但就多數病例而言，我個人不認為這是一個必要的治療方式。

再次地，我認為基本的做法是把食物由乾飼料轉為品質良好的低敏罐頭或是自製生肉餐，就跟處理其他部位的過敏一樣。和貓的自然食物比較起來，或甚至品質好的商業濕食比較起來，乾飼料的營養成分和食材對貓而言都是很不正常的。這些異常的食品，造成貓的口腔接觸到會造成過敏食材的可能性大增。

此外，乾飼料表面被噴上一層酸性物質，用意是提高嗜口性。基本上貓全天候都可吃到乾飼料，於是一個持續不斷的酸性環境在貓的口腔中被製造出來，對牙齒和牙齦造成破壞。我們在許多口腔炎的貓身上，看到口

腔細菌的種類改變，或許是這種酸性造成的。很可惜的是，大部分的獸醫和牙醫專科，並不知道乾飼料的表面有這麼一層酸性物質，所以停吃乾飼料並不是治療口腔炎的主流做法，至少目前還不是。

除了改變食物外，我還推薦一個抗生素療程，例如「克林黴素」（Clindamycin，或譯克林達黴素）。我也曾經使用環孢素成功治好口腔炎。有些獸醫則是比較喜歡用「干擾素」。當身體受到感染時，身體細胞會製造一種蛋白質叫干擾素。人醫和獸醫都會使用干擾素來治療某些癌症，研究顯示干擾素治療過敏性口腔炎也是有效果的。雖然干擾素在治療過敏性口腔炎的確切運作方式還不完全被瞭解，但是比較嚴重的病例如果在試過其他療程都沒有效果時，干擾素是值得一試的。

有些貓需要口腔手術，幫助癒合傷口和感染。牙醫專科的獸醫是執行這種手術的專家。雷射「手術刀」或許會被用來進行手術，因為可以迅速安全地移除生病的組織。簡而言之，有許多方式可以治療這個困難的過敏問題。如果採用一些治療方式，而且是根據貓的疾病程度、獸醫個人偏好和經驗，許多貓並不需要全口拔牙。

貓氣喘（過敏性呼吸道疾病）

氣喘，或是和人氣喘非常類似的狀況，也會發生在貓的身上。有氣喘的貓，除了會出現反覆的深層咳嗽以外，也會有持續一段時間的一般咳嗽發作。飼主看到貓氣喘發作會很害怕，可能會以為貓噎到了。就某方面而言貓的確是噎到了，雖然呼吸道中並沒有異物。會出現這個狀況是因為貓的呼吸道關閉，讓空氣進出肺部變得非常困難。除了咳嗽外，

有些貓也會出現呼吸急促的症狀，或是沒有劇烈咳嗽，只是呼吸很急促。

　　除了氣喘以外，咳嗽也是許多其他貓病的症狀。如果你的貓在幾小時或幾天內常常咳嗽，一定要立刻帶貓就醫。上呼吸道感染可能會造成咳嗽，雖然氣喘大多發生在成貓，而上呼吸道感染則比較常見於幼貓。然而慣例並非總是絕對，所以貓咳嗽時，需要先排除是否為上呼吸道感染。貓如果感染到心絲蟲，也會出現咳嗽的症狀。許多飼主知道這種寄生蟲會寄生在狗的體內，並不知道貓也會被此蟲寄生，雖然比例遠遠少於狗。如果貓住在狗心絲蟲普及的地區，當貓出現咳嗽的症狀時，一定要把心絲蟲列入考量。你的獸醫會針對咳嗽進行仔細檢查，以便早期偵測到這個問題。

　　也有其他的呼吸道問題會造成類似氣喘的狀況，包括肺線蟲（Lungworm）、呼吸道腫瘤和心臟問題。在確定貓是否為氣喘之前，獸醫會先排除以上這些狀況。X光、血檢，以及呼吸道細胞和液體採樣檢查，都是用來診斷貓咳嗽的方式。

　　一旦確診是氣喘，有很多方式可以治療。專家目前相信，從環境中被吸入的過敏原，在過敏性呼吸道疾病中扮演一個重要的角色。在這些專家中，有些和我一樣認為食物中的過敏原也是重要的因素之一。氣喘和皮膚過敏一樣，可能是環境中不同部分的一些或許多過敏原所引起的反應。如果是花粉、空氣中的污染物、室內塵蟎，或其他常見的人類過敏原引起貓過敏，要控制這些過敏原可能很容易，也可能並不容易。然而另一方面，在許多不同的環境影響中，食物永遠是最容易修改的選項之一，而且就我個人意見而言，關於引起過敏的物質，第一個要做的改變應該是食物。

　　所有我治療過的過敏貓，在被確診前絕大多數是吃乾飼料，我把這些貓的食物全部改為低敏商業濕食或自製貓食。然後我會採取藥物療程，例

如抗組織胺藥物或是吸入式類固醇，或支氣管擴張劑（Bronchodilators，氣管發作時，可以打開呼吸道的藥物），搭配為貓設計的吸入器，讓貓在急性氣喘發作時可以使用。針對貓設計的吸入器（英文資料請見：www.winnfelinefoundation.org/docs/default-source/cat-health-library-educational-articles/feline-asthma-2015.pdf）讓飼主可以在家中治療急性氣喘發作的貓。同時採用低敏食物和吸入療法的貓，通常氣喘或呼吸困難發作的次數會越來越少，到後來吸入器的使用頻率會大大減低，甚至不再需要使用。

　　貓如果對改變食物以及居家吸入器療法沒有出現令人滿意的反應，或是**同時**有其他過敏症狀的氣喘病貓，例如皮膚過敏，我會使用環孢素來控制過敏。在治療難纏的過敏時，這種免疫系統抑制藥物有時候是天賜良藥。製造商還沒有針對貓使用做徹底的測試，因為費用昂貴，但是很多獸醫，包括皮膚專科、過敏專科等的執業獸醫，例如我自己，用此藥治療貓都看到好效果。給貓使用任何抑制免疫系統的藥物之前，當然要先進行一般的身體檢查，而且用藥之後也要常檢查。

◎參考資料：www.marvistavet.com/feline-asthma.pml 以及
　　　　　　www.felineasthma.org/overview/index.htm

亞哥・威廉斯

　　亞哥是一隻已結紮俄羅斯藍貓，第一次來診所時年紀是六歲。他出生後的那幾年住在南加州，五歲時出現輕微的咳嗽症狀，在所有咳嗽原因都被排除後，他被當時的獸醫確診為氣喘。亞哥只會在春天和秋天咳嗽，尤其是風大的日子。當我們第一次見到亞哥時，他的主食是乾飼料，同時服用抗組織胺藥物。我們把他的食物改成低敏罐頭，他的主人說改食後他的

氣喘狀況有改善。有兩年的時間，食物的改變和抗組織胺藥物，讓亞哥的氣喘狀況控制得很好。

亞哥八歲那年秋天，他的主人因為工作需要得搬去美國南方幾個月。他的主人和我討論到，在新的環境中有可能會出現的問題。因為從環境中吸入的過敏原，似乎是引起亞哥過敏的重要因素之一，我擔心搬家後的新環境，可能會對他的狀況造成更多問題。除了抗組織胺藥物以外，我還開了環孢素，以備氣喘狀況很嚴重的時候使用。亞哥的主人答應我會保持聯絡。

搬家兩週後，亞哥開始出現前所未有的嚴重咳嗽。抗組織胺藥物和低敏食物無法控制他的過敏。在我的指示下，他的主人開始每天餵亞哥吃環孢素。服用後改善的狀況十分良好。他幾乎立刻不再咳嗽，而且他的主人說，自從他的氣喘被確診後，他的狀況從來沒有這麼好過。每天吃環孢素一個月後，我指示他的主人改為兩天吃一次，減低劑量後亞哥的狀況依然十分良好。當亞哥和主人回到南加州後，我們把環孢素的劑量再次調低，只服用極低劑量的亞哥，狀況依然很好。

巴尼 · 錢伯司

巴尼是一隻已結紮的公埃及貓，第一次見面時他六歲。巴尼年輕時有反覆發作的過敏性皮膚病，斷斷續續使用口服皮質類固醇，有一段時間似乎可以控制他的皮膚問題。很不幸的是，當他的主人由其他州搬到加州，並帶巴尼來我的診所時，除了皮膚過敏以外，他還有嚴重的口腔炎和氣喘，而且是終年存在的。他的肚子和大腿有好幾個地方脫毛。他還有慢性腹瀉，典型的炎症性腸病症狀。他甚至還有嚴重的過敏性耳炎，其中一耳內有息肉。在我所見過的貓中，巴尼是過敏症狀最多的。因為口腔炎的關係，他

吃乾飼料和罐頭時胃口都不好，過去半年體重掉了一公斤左右。他常常咳嗽，而且每次移動時，都會先重重地乾咳，頭部下垂並且脖子拉長往前伸展，好像喉嚨中有異物似的。

我們檢查巴尼，發現他白血球上升，顯示有過敏和發炎。貓白血病病毒和免疫不全病毒（貓愛滋）檢驗皆呈現陰性（未感染）。肝臟和腎臟看起來運作良好。巴尼的血檢顯示除了氣喘外，沒有其他造成咳嗽的原因。他的耳朵是細菌和酵母菌引起的續發型感染，右耳內的息肉造成治療困難。腹瀉不是任何寄生蟲所造成，而且他的腸胃道也沒有腫瘤的跡象。

我們開始積極治療巴尼驚人的過敏現象。首先我們把他的食物改成添加了維他命／礦物質／氨基酸的綜合營養品（營養品購買連結：www.platinumperformance.com/platinum-performance-feline）的生兔肉。我們用雷射移除巴尼耳中的息肉，耳朵每天點兩次抗生素／皮質類固醇滴劑，連續一個月。我們用雷射除去巴尼口中所有發炎的組織，徹底清潔他的牙齒和牙齦，但沒有拔牙。我開環孢素膠囊給巴尼每天服用。巴尼被接回家，我們屏息以待，期盼有好結果。

巴尼對療程反應很好。一個月之內，口腔疼痛以及發炎大大改善，吃生肉也很習慣，糞便完全正常，而且是改食後兩天就正常了。耳朵看起來也很正常，是過去幾個月以來，第一次沒有看到分泌物。他每天大約小咳一次，主人說他已經沒有那種嚇人的「噎到」的狀況出現。在接下來的數個月，我們的治療方式讓巴尼的狀況持續保持良好。

因為巴尼的表現很好，所以三個月後我們把他的環孢素從每天改成每兩天服用。很可惜的是改成每兩天服用以後，巴尼的氣喘又變嚴重，咳嗽頻率提高，雖然其他過敏症狀依然控制良好。我們把環孢素改回原來的劑

量，氣喘症狀再一次消失不見。他的主人每兩天幫他點一次類固醇耳液。兩年後，巴尼的生活品質依然很好，他的主人也很開心。我們固定幫他檢查有無副作用，而他似乎對療程反應良好。

27

貓癌症──預防重於治療

癌症（惡性腫瘤）對所有的物種都是一種折磨，包括貓。通常是在沒有預警的情況下，得了癌症，而且可能會迅速對宿主造成破壞，不管是人還是動物。癌症最令人害怕的部分，或許是其神祕的起源。就大部分的癌症，我們對其惡性的成因幾乎一無所知。目前只知道一些貓科癌症的成因。因為如此，也因為如果癌症沒有被發現並治療，有可能會很快變成難以控制的局面，固定帶貓去給獸醫檢查，以及飼主在家仔細觀察貓的狀況，是保護貓對抗此類殺手的第一道防線。

即使年輕成貓也可能罹癌

　　許多飼主相信只有老貓比較有可能得到惡性腫瘤（癌症的另一個名稱）。其實惡性腫瘤的發生是不分年齡的，雖然貓和其他動物以及人類一樣，的確有可能隨著年齡的增加，而提高罹患惡性腫瘤的機率。有些常見的貓科癌症，例如感染貓白血病病毒（FeLV）所引起的白血病，以及某些淋巴癌，例如淋巴肉瘤（Lymphosarcoma），也會出現在年輕成貓身上。即使其他比較不常見的癌症，偶爾也會出現在年輕貓身上。

　　不管你的貓幾歲，都要時時提高警覺，注意貓身體是否有不明腫塊或不適。貓科癌症幾乎會出現在每一個器官以及身體每一個部位。雖然長毛貓比短毛貓更容易掩蓋身體外部的硬塊，但是認真勤勞的主人會固定撫摸貓的全身以及梳毛。當貓年輕健康時，固定梳毛以檢查身體，可以讓主人對貓正常的身體結構，有良好的基本瞭解。在撫摸貓的身體時，要留意有無任何不尋常的觸感，包括頭、四肢和尾巴。母貓要特別注意乳腺（乳房），因為是腫瘤好發部位，尤其你的貓是在十二到十八個月大之後才結紮，或是目前還沒有結紮（見第 12 章）。

　　當然腫瘤也會出現在貓體內。帶貓去做健康檢查，或是身體不適去就醫時，都要請獸醫徹底檢查貓的口腔、胸腔和腹腔。定期健檢時如果有發現任何異狀，都要徹底檢查以排除是腫瘤的可能。如果可以早期發現，不管是在治療或是控制病情方面，都可以有比較好的效果。當然沒有人希望寵物得到癌症，但是如果事情真的發生，**早一點**知道總是勝於診斷和治療的延誤。如果有早期發現以及治療，有些貓的癌症是可以痊癒的。

飼主可以採取的保護措施

貓的癌症和其他動物以及人類一樣，是不可能可以完全預防的。但是可以採取一些重要的預防措施，以減少得到這個難纏疾病的風險。

1. 如同先前所討論，要隨時注意貓的身體狀況。絕對不要輕忽任何莫名的、沒有在幾天內復元消失的小凸出物、傷口或是皮膚顏色異常。癌症出現的徵兆，時常是身體任何部位出現無法痊癒或生長迅速的腫塊，或類似受傷的狀況。獸醫會仔細檢查出現異常狀況的部位，決定是否需要進行手術切片以進行活組織檢查。

2. 絕對不要輕忽持續一、兩天的嘔吐、腹瀉或是沒有胃口。雖然這些症狀絕大多數無關癌症，尤其是年輕貓，不過也是必須治療的症狀。獸醫在治療時，會排除腸胃道或其他腹腔癌症的可能性。

3. 保持貓的居家環境盡可能不受污染。如果你會抽菸或雪茄，不要在你的貓會吸入二手菸的地方抽。研究顯示當貓接觸到香菸的煙時，一種被稱之為**毛皮致癌物**（Coat-Associated Carcinogens）的分子會堆積在貓的皮膚和毛髮上。貓舔毛時，會把這些有毒的物質吞入體內。隨著時間過去，這些致癌物會嚴重刺激腸胃道（例如炎症性腸病），因而致癌。無庸置疑，讓貓暴露在有二手菸的環境中是非常危險的。

4. 如果你有一隻白貓，或是貓臉部或耳朵是白色的，要限制貓直接接觸到陽光的時間。暴露在陽光可能會造成**鱗狀上皮細胞癌**（Squamous Cell Carcinoma），這是一種嚴重的皮膚癌。最好的預防方式是不要讓你的白臉貓在中午曬太陽。幸運的是，如果早期發現而且積極治

療，臉部的鱗狀上皮細胞癌是有可能痊癒的。如果貓的臉上或耳朵，有任何小部位的紅疹或表皮組織脫落，絕對不要輕忽。

5. 如果貓的嘴唇、上下顎或是脖子有任何腫脹、口臭、異常的流口水，立刻帶貓就醫。因為可能口腔中有腫瘤，早期發現是保命關鍵。

6. 如果貓呼吸困難或反覆咳嗽，立刻帶貓就醫。雖然有很多原因會造成貓的呼吸道問題和咳嗽，但還是要請獸醫確定貓的肺部和胸腔沒有惡性腫瘤，這是很重要的。絕對不要在貓生活的環境抽菸。

7. 當貓六到八個月大時要帶去結紮。早期結紮可以大大降低生殖道產生癌症的風險，包括乳腺癌。

8. 腸胃道長期發炎，例如炎症性腸病（見第24章），有可能會演變成腸胃道癌。有效的治療炎症性腸病之類的症狀，是阻止其形成的關鍵。再一次提醒各位，絕對不要輕忽持續的嘔吐和腹瀉。

9. 切記，癌症是敵人，但未必是打不敗的敵人。如果在形成的初期，你和你的獸醫就開始面對敵人，你們有很好的機會打贏這一仗。

　　貓確診罹患癌症後，獸醫會推薦很多方式來治療或控制癌症。手術、化療（Chemotherapy）和放射線治療，不管是單獨還是合併採用，都可以有效治療癌症。你的獸醫可能會把你的貓轉診給腫瘤科獸醫、也就是動物癌症治療專科，以獲得最佳治療方式。

　　最近出現一種新的免疫系統刺激物，擷取自巴西蘑菇（Agarcius Blazei Mushrooms），在對付人得到的癌症時是頗有成效的保健藥物（英文資料請見：www.atlasworldusa.com）。我相信這種萃取物對治療動物癌症時，也有某種程度的功效。這種保健藥物對動物是沒有毒性的（不同於許多

其他我們人使用的藥物），當我們面對寵物惡性腫瘤時，應該考慮使用，
作為療程的一部分。

【第四部】

中老年貓的黃金歲月

28

中老年貓和營養保健

身為貓獸醫，最令我困擾的事情之一是當貓十歲時，我的飼主都相信他們的貓已經「很老」了。貓一進入生命中的第二個十年，有很多人相信貓就會開始自動經歷嚴重的老化疾病，這實在是令我感到很意外。甚至有飼主問我，「這麼老」的貓有必要治療小病小痛嗎？死亡之門不是很快就要打開了嗎？事實上，這些主人的想法完全是錯誤的。

貓的平均年齡，可以也應該達到二十歲，甚至更長。雖然根據《金氏世界紀錄》，少數貓甚至可以活到三十歲，但這顯然不是正常狀況。不過有良好基因的貓，如果主人認真照顧，活到二十歲或甚至更久，應該是沒有問題的。十歲不過是**中年貓**而已，還有很多健康快樂的日子可過呢。

我有許多飼主會擔心貓活不到二十歲，是因為他們曾經養過的貓太

早去世。當他們談到在過去十到十五年，他們心愛的寵物去世的原因時，大多是跟環境有關的因素，而不是失去自然生存的能力。這些因素包括外力創傷，例如車禍。不然就是得到致命的傳染病，甚至可能是吸到二手菸。不過，有許多貓死於營養相關的疾病，而且數字驚人，例如肥胖相關疾病（見第20章）、糖尿病（見第21章）、反覆發作的泌尿道問題（見第23章）、炎症性腸病（見第24章）以及腎臟病（見第29章）。

中老年貓要吃什麼

今天，寵物食品公司每年花幾百萬美金做行銷廣告，告訴飼主不同生命階段的貓，應該吃配方不同的寵物食品。有幼貓配方、成貓配方、老貓配方（七歲以上；難怪飼主會認為貓老了）等等。有意思的是，這些不同的配方，充其量不過是提高成貓和老貓配方中的碳水化合物和纖維量，如此而已。

我和我的客戶討論生命階段的餵食，跟他們解釋居住在野生環境的貓，當牠們長大和變老時，如何處理營養需求。我跟他們說，這世上沒有任何一隻老鼠、鳥、蜥蜴或牛羚（大型貓科動物的獵物），是特別設計來給「年紀大的貓」吃的。不管幼貓、成貓或中老年貓，牠們所抓到吃下的獵物，營養成分都是一樣的。隨著年齡的增加，成貓和中老年貓都不需要越來越多的碳水化合物，儘管寵物食品公司似乎是這麼相信。自給自足的貓，不管年紀多大，吃的都是相同的獵物，只是分量不同罷了。

我們已經深入討論過貓的新陳代謝特性（見第1章）。這些特性並不會隨著年紀的增加而改變。成貓和中老年貓都需要高蛋白質、中等脂肪

和低碳水的食物，和年輕貓一樣。雖然熱量需求可能會隨著時間而改變，但調適的做法是吃下分量比較少的食物，而不是吃不同的食物。當貓處於需要的是比較好的品質的階段時，卻將「幼貓版」食物中的蛋白質和脂肪以其他養分取代，以調整為「成貓版」或「老貓版」的食物，製造出反而是營養品質比較差的食品。寵物食品公司錯誤地相信，豐富的蛋白質會傷害貓的腎臟（見第 29 章）、脂肪會讓貓發胖（見第 20 章），因此他們為年紀較大的貓調配出錯誤的配方。

當貓年紀越大，消化和吸收食物養分的能力也會變差。然而，吃商業成貓或老貓配方的老貓，事實上吃下去的養分比較少，製造出一個養分不足的狀況。低蛋白質讓貓的高蛋白質需求沒有獲得滿足；低脂肪的低熱量不利於皮膚和毛髮，迫使貓吃下更多的碳水化合物以獲得足夠的熱量。簡而言之，不同生命階段的配方食品，背後的營養原則和貓真正的需要是上下顛倒、完全相反的。

當成貓和中老年貓，吃下讓幼貓成長茁壯的高蛋白質／中量脂肪／低碳水食物時，牠們的身體也會茁壯。當然牠們吃下的量，就體重比例而言，是少於幼貓的。我親眼目睹過幾百隻的貓，以如此的方式度過不同的生命階段。吃幼貓期食物的成貓，肌肉依舊結實，毛髮健康閃亮，活動力依舊。牠們比較不可能過胖，或是不愛動，而且運動量比較大；牠們喜歡運動，因為讓身體引擎運作的，是最適合貓新陳代謝機制的最佳燃料。

因此，我跟我所有的客戶說，**不要**把貓食換成老貓配方。我知道這是貓生長壽以及健康的基礎。我還跟我的客戶說，他們的貓會活到遠遠超過十歲。適當的食物加上固定的保健照顧，活到遠遠超過十歲不僅是對這些貓的合理期待，而且可以是每一個主人的**期待**。

29

腎臟病──新方法對付老敵人

幾乎沒有養貓人對慢性腎衰竭（Chronic Renal Disease，簡稱
CRD；審譯註：直譯為慢性腎病，腎病跟腎衰竭 [renal failure] 定義上
不太相同，不過現在習慣上都通用）這個名詞是不熟悉的。事實上有些專家相
信，十歲以上的貓有百分之八患有慢性腎衰竭。這是一個令貓倍受折磨，
而且會奪走貓命的腎臟功能受損疾病，雖然大部分是出現在中老年貓身
上，但各個年齡的貓都可能會得到此病。數十年來此病的治療似乎一直停
留在黑暗期，但令人振奮的是，良好的治療方式已經出現了。

什麼是慢性腎衰竭？

慢性腎衰竭指的是因為許多不同的腎臟問題，造成貓的腎臟處於逐漸喪失正常功能的狀態。腎臟功能喪失，就慢性腎衰竭而言是永久的，可能會因為先天或基因異常的緣故，而發生在年輕貓身上，但也可能會因為泌尿道阻塞、創傷、感染、中毒、糖尿病和其他會傷害到腎臟的因素，發生在中老年貓身上。許多年紀大的貓罹患此病，卻怎麼都找不出致病的起因，這類的慢性腎衰通常被認為是年紀大的關係，雖然也有很多長壽貓並沒有得到此病。因此除了先天的腎臟功能不足以外，要避免慢性腎衰並非不可能。也許在未來，我們會更加瞭解此病和老化過程之間微妙的關係，進而能夠採取更好的預防措施。

不管是什麼原因造成慢性腎衰竭，治療時第一要務是找出真正的致病原因，無論是因為中毒、感染、腎臟受傷、泌尿道阻塞，或是先天腎臟異常，找出真正病因後的早期治療才能延緩甚至逆轉病程。一旦找出真正致病原因，加以治療得到控制或甚至痊癒後，腎臟剩餘功能的維護，是獸醫和飼主照顧的重點。

得到慢性腎衰竭的貓，身體通常是慢慢變差，有時甚至連最認真的主人都可能沒有注意到異狀，等到發現時往往病情已經蠻嚴重了。在出現明顯的病況之前，貓通常是體重減輕、毛髮雜亂、沒有精神、胃口不好、喝水量可能提高，也有可能會開始嘔吐，或者只是吐出少量的黃色液體。如果有以上任何或甚至全部症狀出現，都要立刻帶貓就醫。血檢和尿檢可以確診，並接著治療以消除症狀。

有很多方式可以治療控制慢性腎衰竭。傳統上，獸醫依賴的是改變食

物，作為腎功能喪失的主要治療方式。限制蛋白質的食物在過去幾十年來獲得廣大的認同，是控制貓慢性腎衰竭的**主要**方式。諷刺的是，改吃低蛋白質食物是錯誤的做法，而且引起的傷害可能遠遠大於好處。

慢性腎衰貓吃低蛋白質食物的由來

　　一九四○年代，一名思想先進的獸醫老馬克‧莫里斯（Dr. Mark Morris Sr.），發現當他用一種新食物來治療他的慢性腎衰竭狗病患時，效果好像不錯。在那個年代，大多數的狗都是吃主人桌上的肉類食物，或是主要餵當時市場上可以買到的以全肉副產品製造的商業狗食。當莫里斯醫生設計出一種肉比較少，但穀物比較多的食物給狗吃時，這些病患的病情似乎得到改善。接下來幾年，許多寵物食品公司，包括這位莫里斯醫生成立的一家很成功的寵物食品公司，開始研發並行銷減低肉量和某些特定養分（包括蛋白質和磷）的狗食。就狗而言，這種調整對延緩慢性腎衰竭的病情似乎是有幫助的。限制慢性腎衰竭病患的蛋白質攝取量這個做法會得到認同，是可以理解的。

　　到了一九八○年代，針對犬科腎臟功能所做的不同環境和營養因素影響的研究顯示，食物中的磷是慢性腎衰狗病患中，一個極為重要的因素。大家都知道腎衰情況失控的狗病患中，血液中的磷含量上升。磷上升顯示對腎臟造成進一步的破壞，如果沒有加以治療，會造成病況控制失敗、甚至導致死亡。食物中肉的含量高，磷也會跟著提高，因為肉含有豐富的磷。高蛋白質也會造成「血中尿素氮」（Blood Urea Nitrogen，簡稱 BUN）上升；有些專家相信，BUN 上升可能也是造成慢性腎衰病情

加重以及死亡的原因。

針對磷在慢性腎衰中的角色所做的研究顯示，或許是肉含量高的食物中的磷，而不是蛋白質，對犬科病患造成傷害。低蛋白質食物之所以會對慢性腎衰病患有幫助，可能是因為低磷，而不是低蛋白質。血中尿素濃度升高真的對身體有害嗎？和上升的磷相較，血中尿素升高對身體並沒有已知的有害影響。

在那個時候，大部分的專家認為這些問題並不重要，因為吃這種以穀物為主的食物的狗病患，似乎沒有出現不良的影響。狗是雜食動物，不管年紀多大，和貓比起來狗對蛋白質的需求比較低。狗覺得以穀物為主的食物好吃，而且也願意吃。似乎沒有理由擔心這種低蛋白質食物，對狗會有任何潛在的壞處。

後來當貓也變成受歡迎的家庭寵物，贏得主人的歡心時，獸醫開始面對治療貓的慢性腎衰竭這個問題，而且病例出現的頻率越來越高。專家和獸醫只是把治療狗腎衰的邏輯，拿來套用在貓身上。所有的寵物食品公司，都參照狗的低蛋白質食物做法，做了少許修改後製造出低蛋白質的貓食。很不幸的是，這種食物對腎貓病患似乎沒有什麼幫助。一旦貓罹患慢性腎衰竭，通常難以改變病情的演進，生活品質逐漸惡化，幾乎沒有例外地走向死亡。

低蛋白質食物對貓病患沒有幫助這個事實，被疾病本身所掩蓋。因為慢性腎衰竭是一個漸進而且最終致命的疾病，所以當一個吃低蛋白質貓食的病患，狀況沒有改善而且生命逐漸凋零時，大部分的獸醫幾乎不會感到意外。大家很自然地指責這個腎臟疾病，認為都是這個病讓貓生病、沒有胃口、變瘦、以及其他所有隨之而來的惡化狀況。沒有人去質疑，就一隻

該吃高蛋白質的動物而言，低蛋白質食物是否造成了我們在慢性腎衰貓身上看到的負面影響。

　　事實上，比起過去舊有的信仰衍生而出的治療方式，我們現在是有可能在治療慢性腎衰貓時取得更大的進展的。諷刺的是，這個改善腎貓飲食的中心思想，其實是要去避免低蛋白質食物。我現在毫不懷疑限制慢性腎衰貓只能吃嗜口性差、不好消化、低蛋白質的食物，而且通常是乾飼料，才是真正造成腎貓狀況惡化的主因。今天，我們可以為腎貓病患提供更好的治療方式，我們可以做得**更好**。

低蛋白質食物為什麼對貓不好？

　　顯而易見，慢性腎衰貓的惡化，有很大的原因來自於蛋白質攝取不足，因為我們遵守過去的原則，強迫腎貓吃低蛋白質食物。我對糖尿病貓所做的食物養分研究，促使我重新思考的不只是糖貓的食物控制而已，我同時也重新思考了許多不同慢性病的營養成分控制，包括慢性腎衰竭。

　　如同我們在先前的章節所討論，把貓當成小狗來治病是一個非常嚴重的錯誤。貓和狗有非常不同的新陳代謝特性和營養需求；所以大家普遍拿為狗設計的低蛋白質食物來餵貓，不但沒有得到解決反而製造出更多問題。低蛋白質食物最明顯的問題之一是貓並不覺得那是好吃的食物。貓是絕對肉食動物，覺得動物蛋白質含量低的食物不好吃也是理所當然的事。過去幾年來，寵物食品公司花了好幾百萬美金，試圖研發出好吃的低蛋白質配方，可惜效果皆不甚理想。

　　和過去比較起來，現代貓食的確有一些是貓比較願意吃的，但是能夠

讓慢性腎衰貓開心吃下足夠分量，以獲得足夠蛋白質的低蛋白質「腎貓食物」還沒有出現。當貓不願意吃下主人所提供的唯一一種食物時，主人備受挫折並且失去希望。挨餓的貓身體狀況惡化並且死亡。

和大多數其他動物比較起來，貓即使生病了，還是需要繼續吃高蛋白質食物。事實上和健康貓相比，病貓可能反而需要更多蛋白質。然而低蛋白質商業食物提供給腎貓病患的蛋白質含量，甚至比幼貓和健康成貓的蛋白質還要低。腎貓覺得這種低蛋白質食物不好吃，吃的量少，當然會造成某種程度的蛋白質攝取不足。寵物食品公司的訴求是，只要食物中的蛋白質品質良好，限制蛋白質的攝取量，對腎貓並不會造成蛋白質攝取不足的危險。這個訴求並沒有得到科學和臨床觀察的支持。

蛋白質品質的優劣，取決於消化速度和構成蛋白質的必需氨基酸。貓需要質量**兼具**的蛋白質，以維持和恢復身體健康。因為蛋白質不但被用來建造以及修補身體組織，同時也是熱能來源（見第 1 章）。吃低蛋白質食物的病貓，無法修復病體，**也沒有**獲得足夠的熱量滿足身體所需。結果是身體逐漸凋零終至死亡，而這一切卻被認為全是慢性腎衰竭的錯。從來沒有任何科學研究可以證明，和低碳水高蛋白質的食物相比，降低食物中的蛋白質，可以給腎貓帶來長遠的好處。

最近明尼蘇達大學（University of Minnesota）出版一份研究，想要證明某種低蛋白質、低磷的貓食，對慢性腎衰貓是有好處的。＊這個研究主要是針對自然生成的慢性腎衰竭，對低蛋白質食物的反應，拿來做對比研究的是吃商業成貓配方的腎貓。別忘了，被拿來和低蛋白質食物比較

＊值得注意的是，這份研究試圖要證明的，是贊助該研究的公司幾十年來已經提出的訴求。

的成貓配方，正是慢性腎衰貓生病之前長期吃的食物。當我們評量這個研究有沒有證明低蛋白質、低磷食物適合腎貓時，這是一個重要的考量。這個研究證明，就一小群被拿來進行此實驗的腎貓而言，和繼續吃原來成貓配方的貓相比，低蛋白質食物在某些方面，的確有比較好的反應。很可惜的是，這個研究完全沒有針對控制腎貓的其他食物做實驗。被拿來和低蛋白質食物比較的，只有成貓配方，沒有其他營養品質比較高的食物。

　　就品質和分量都**比較好**的蛋白質和其他養分而言，這份研究沒有提供任何訊息，因為被拿來和低蛋白質食物相比的，就只有成貓配方而已。這份研究完全沒有徹底評量蛋白質品質和分量相異的各種不同食物，在控制腎貓時有著如何的影響。儘管如此，這個研究的贊助者，也就是一家製造最多低蛋白質腎貓食物的世界大廠之一，還是跟獸醫宣布，這份研究證明了這份產品是腎貓必要的食物選擇。可惜的是，獸醫界大多相信，這份研究是證明此種食物之優點的科學證據，即使這份研究並沒有證明這個低蛋白食物優於其他食物，也就是適合絕對肉食動物所有需求的食物。

　　我們以前也曾經見過如此短視的貓科營養研究。在一九七〇年代，獸醫研究員進行了一個比較糖尿病貓食物的研究，拿來研究的兩種食物是高碳水商業食物以及高碳水高纖維商業食物。當時這兩種產品皆已上市。這個相當小型而且設計狹隘的研究，讓研究人員做出的結論是，高碳水高纖維的食物不但比高碳水無纖維的食物來得好，而且是糖尿病貓**絕對要吃**的食物。我們現在都知道這個結論一點也不正確。如果這個研究有把低碳水食物包括進去，其表現絕對會優於高碳水食物。當獸醫研究者，包括我自己在內，重新審視這個高纖維糖貓食物的錯誤做法時，已經是

好幾十年後的事了。而在這幾十年之間，有好幾百萬隻的病貓，被剝奪了更好的治療方式。

　　類似的問題也出現在腎貓飲食控制上，如果獸醫有認知到這個研究是有缺失的、不完整的，是腎貓飲食控制的所有問題之所在，可能早在幾十年前，就已經徹底瞭解這個問題之可怕。我們迫切地需要更好的科學研究，而且是在不受寵物食品業的影響下，進行範圍及設計都足夠廣泛的實驗，這樣才能真正具有教育意義，幫助我們確實有效地運用營養和傳統醫學，來控制及治療像是慢性腎衰竭等等的貓科疾病。

腎衰貓應該限制攝取什麼養分？

　　低蛋白質食物的好處，是來自於食物中的低磷。腎臟功能不全的貓，食物中的高磷會進一步惡化腎臟功能。限制腎貓從食物中攝取的磷，是一個符合邏輯而且有建設性的做法，但是如果要限制貓必要的養分，例如蛋白質，才能達到低磷的目的，等於是把好東西連同壞東西一起丟掉。

　　可以添加在貓固定的、可口的、高蛋白質食物（僅限濕食）中的磷結合劑取得方便，能夠有效移除食物中的磷含量。另一個好方法是在病貓的濕食中，加入切碎的熟蛋白。蛋白是優質的蛋白質來源，而且沒有含磷，所以能夠有效「稀釋」食物中的磷含量。這個方法不但讓貓獲得可以修復身體組織的蛋白質，提供豐富的熱量來源，同時還減低對身體有害養分的攝取，也就是磷。完全是一個雙贏的做法。

吃高蛋白食物的貓，BUN 指數比較高，會造成問題嗎？

根據血檢指數，獸醫得到一個事實，就是吃高蛋白食物的貓的BUN，比所謂的標準值高一些。即使健康貓也是如此。這是因為尿素是來自蛋白質新陳代謝產生的無毒副產品。尿素不會讓貓覺得不舒服或虛弱，幾十年來尿素的數字一直被當成是判斷貓狗腎臟功能不全的指標。

可惜的是，被用來決定貓的 BUN「正常值」的研究，並沒有考慮到當貓吃自然的高蛋白物時，數字應該會落在什麼範圍。不過倒是有針對低蛋白質商業貓食做過的研究。獸醫如果有吃高蛋白質的貓病患，必須要留意到這個差異。他們還必須留意到，某種程度的上升是正常的，而且對身體無害。如果可以請實驗室將此數字的正常值向上修正，更精確地反應吃高蛋白質食物的貓狀況，數字略高的現象就比較不會造成困擾。

最近獸醫市場出現一種叫做「腎寶」（Azodyl）的產品，用來降低慢性腎衰貓的BUN數字。這個藥物宣稱可以干擾尿素在貓的腸道中被吸收，降低在體內循環的尿素。然而給貓服用腎寶有兩個很大的問題。問題一，沒有長期的研究可以用來證明，腎貓長期使用腎寶是安全的；問題二，還沒有看到腎寶真正地改善了貓的腎臟功能。BUN 並非臨床症狀的來源，僅僅是一個有用的診斷「指標」，降低在病貓體內循環的尿素氮並沒有好處。事實上，在功能沒有改善的狀況下，僅僅是消除病患的一項診斷指標，可能反而會隨著時間造成評量病患的真實狀態更加困難。腎寶似乎對病貓沒有好處，甚至可能造成安全威脅，以及增加評量病情的難度。

有些專家堅持腎貓必須限制鹽分（鈉）的攝取。就我個人的臨床經驗，以及根據目前可取得的科學資料來看，限制鹽分的攝取和腎貓的健康

並沒有什麼關係，除非腎貓同時也有心臟方面的問題。大部分品質好、高蛋白質的罐頭貓食，以及自製貓食中的鹽分，都是腎貓可以接受的。

腎貓可以吃乾飼料嗎？

我們在前面的章節討論過，為何乾飼料是不適合的貓食。乾飼料有許多缺點，其中一個是含水量非常低。濕食貓的尿液濃度低於乾飼料貓，即使兩者都有充分的水可以自由取得。和濕食貓比起來，乾飼料貓是相對脫水的。乾飼料造成的脫水影響，會給慢性腎衰貓帶來嚴重的併發症。

正常的貓腎臟是一個很有效率的貯水器官。對於在乾旱或缺水地區進化的貓而言，貯水能力尤其重要。罹患慢性腎衰竭的貓，腎臟貯水以供身體重複使用的能力越來越差。當病貓幾乎無法從食物中獲得水分時，可能會演變成一個威脅生命的問題。事實上，連續多年只吃乾飼料，有可能是造成貓罹患慢性腎衰竭的原因，因為身體長期處於脫水狀態。無論是人還是貓，長期脫水都是不健康的，對貓可能更是如此。

控制慢性腎衰竭的改善新方法

雖然時至今日我們依然不明白造成健康貓得到慢性腎衰竭的原因，但我們更加瞭解如何控制此病，讓貓在確診後還可以享受好幾年有品質的生活。首先，慢性腎衰貓絕對不要吃乾飼料。腎臟功能不健全的貓，當然不能被迫去吃低蛋白質食物，不管是乾飼料還是濕食。任何腎衰貓都不應該吃低蛋白食物，因為可能會加重病情。血中磷指數上升的病貓，應該要在

食物中加入磷結合劑以及熟蛋白，降低被身體吸收的磷。

　　得到慢性腎衰竭的貓，常常也得會到**續發型副甲狀腺功能亢進**（Secondary Hyperparathyroidism）。當腎臟無法正常運作以控制血液中的磷、鈣含量時，隨著血中磷含量的上升，副甲狀腺（位於脖子甲狀腺旁邊）得開始更加努力工作，也就是分泌**副甲狀腺素**（Parathyroid Hormone，簡稱PTH），以維持血中的鈣平衡。不管是什麼動物，都要維持血液中鈣和磷的平衡，身體才會健康。鈣磷平衡的達成，需要腎臟活化維他命D（是一種激素也是維他命）。當貓的腎臟功能開始衰退，便失去正常活化維他命D的能力，同時也失去能力排除多餘的磷。隨著活化維他命D的能力下降，血鈣跟著下降、血磷則開始上升，這時，副甲狀腺便開始分泌副甲狀腺素。

　　但是不管副甲狀腺釋出多少副甲狀腺素，生病的腎臟可能還是沒有能力活化維他命D。雖然有越來越多副甲狀腺素分泌出來，慢性腎衰貓的腎臟就是無力回應。很快地許多磷酸鹽在體內循環，並且與血鈣結合，於是形成磷酸鈣結晶，沉積在身體的軟組織內。血鈣被移除後，促使骨頭釋出鈣，以維持血鈣值。因為礦物質離開骨頭，於是骨頭開始疏鬆。沉積在身體軟組織內（包括腎臟）的骨頭結晶，會干擾這些組織的正常運作功能。

　　為了控制這種不平衡的惡性循環以及腎功能衰退，獸醫試著限制肉食動物的磷攝取量，做法是給貓吃低蛋白質低磷的食物，或是把磷結合劑加到蛋白質和磷比較高的食物中。到目前為止，後者才是比較好的做法，因為限制攝取蛋白質會衍生出其他問題。

　　最近，研究慢性腎衰貓的科學家，開始推薦使用**活性維他命D3**（Calcitriol），以控制腎臟引起的續發型副甲狀腺功能亢進。（英文資料

請見：groups.yahoo.com/neo/groups/calcitriol/info）活性維他命 D3 是維他命 D 的活化型式。輕度到中度的慢性腎衰貓，每天或是適時補充小劑量的活性維他命 D3，也許可以停止或是大大減緩副甲狀腺素過度分泌，進而避免隨之而來的嚴重後果。獸醫給予適當的低劑量，適度使用並搭配密切監督病貓的反應，以避免不正常的高血鈣值，活性維他命 D3 可以是最有效控制慢性腎衰的工具之一。

過去幾年來，一種名為**血管張力素轉換酶抑制劑**（ACE Inhibitors）的藥物，在穩定慢性腎衰病患身上極有成效。雖然這類藥物如何為身體帶來好處尚未被瞭解，但毫無疑問的確有帶來幫助。我喜歡使用的血管張力素轉換酶抑制劑是「貝那普利」（Benazepril），一種人用的降血壓藥物。慢性腎衰竭導致許多貓出現高血壓，因此控制貓的高血壓可能是貝那普利對腎衰貓有幫助的原因之一。血管張力素轉換酶抑制劑也可以提高腎臟血流量、提高腎臟過濾血中毒素的能力。在一些貓身上，只用貝那普利來控制高血壓並不足夠時，另一種名為「脈優錠」（Amlodipine，也稱氨氯地平，是一種鈣離子通道阻斷劑 [Calcium Channel Blockers]）的藥物或許能派上用場。即使我治療的慢性腎衰病貓沒有高血壓，我還是會給牠們服用貝那普利，因為我在每一隻腎貓身上都看到這個藥物的好處，不管貓的血壓如何。

當我治療的慢性腎衰貓胃口不好時，我會短期使用塞浦希他定之類的藥物，促進貓的食慾。根據我個人治療許多慢性腎衰貓的經驗，只要是積極治療控制，胃口不好持續的時間都很短。有接受正確治療的慢性腎衰貓會很快好轉，恢復正常的好胃口。不過餵貓吃自然高嗜口性的高蛋白質食物，也是幫助病貓好轉的重要做法之一，提供病貓恢復健康必需的養分。

那麼慢性腎衰貓需要的水分呢？

慢性腎衰貓需要獲得足夠的水分，以改善腎臟功能，毫無疑問這一點非常重要。我發現如果病貓只是輕度到中度脫水，只要改吃濕食（罐頭或自製），搭配服用血管張力素轉換酶抑制劑，就可以穩定甚至大大改善腎臟功能。這類的病貓不見得一定需要以靜脈注射（Intravenous Injection）或皮下注射（Subcutaneous Injection）的方式補充水分。腎臟功能嚴重不足的病貓，才需要以此方式補充水分以維持腎臟功能。

目前獸醫界的錯誤認知之一，就是靜脈輸液才是治療慢性腎衰的脫水狀況最好的做法。事實上，即使是重度腎臟功能喪失的貓，皮下注射補充水分通常才是比較好的方式。因為靜脈輸液很容易造成水分補充過量，尤其是如果病貓同時也有心臟或是肺臟的問題，而皮下注射可以很有效率地提供身體水分，過量給水的風險很低。

對貓飼主而言，皮下給水是一個容易在家中固定進行的治療方式。這是皮下注射一個很重要的優點，因為有些病貓一個星期需要補充水分數次。對所有的慢性腎貓而言，主人認真的居家照顧是病貓生活品質的關鍵。本章收錄的真實病例，解釋如何用不同的治療策略，搭配成功的補充水分，來照顧慢性腎衰貓。

接受水分補充作為治療方式之一的腎衰貓，應該也要補充鉀（Potassium）和維他命 B。這是因為當病貓的腎臟水流量提高，會造成鉀以及水溶性維他命 B 的流失。可以把鉀和維他命 B 直接加到皮下注射的液體中，或是餵貓吃有這兩種養分的口服營養品。你的獸醫會幫你決定哪一個做法最適合你的貓。

要使用抗生素嗎？

有些慢性腎衰貓同時有泌尿道感染的問題，所以必須與腎病同時治療。獸醫要先判斷是泌尿道感染造成慢性腎衰，還是慢性腎衰引起泌尿道感染，然後使用合適的抗生素加以治療。如果病貓有泌尿道感染，消滅致病根源是絕對必要的，這樣才能讓所有其他的治療手段確實有效。

如果你的貓貧血呢？

許多慢性腎衰貓同時也有某種程度的貧血。也就是說，血液中把氧帶進身體細胞的紅血球數量，低於身體所需。健康貓的腎臟會分泌一種叫做**紅血球生成素**（Erythropoietin）的激素，刺激骨髓製造紅血球。當腎臟功能降低，可能無法分泌足量的紅血球生成素，因此貓就貧血了。如果你的貓貧血，獸醫可能會替貓輸血，或是注射紅血球生成素，修復紅血球的數量，讓貓身體比較舒服。

可以進行腎臟移植嗎？

信不信由你，貓也**可以**進行腎臟移植，換掉功能喪失的腎臟。貓的腎臟移植技術已經有幾十年的歷史，源自於加州大學戴維斯分校獸醫學院的外科醫生，而且現在全美很多獸醫中心都有進行這種手術。很可惜的是，貓的腎臟移植手術十分昂貴，而且並不是都可以成功挽回貓的生活品質。如果你的腎貓醫療成效不甚理想，想要知道更多有關腎臟移植的細節，請

跟你的獸醫討論你的貓適不適合做此移植手術，並且閱讀網路相關資訊，例如：www.marvistavet.com/kidney-transplants-in-pets.pml，以獲得更多訊息。

慢性腎衰竭的控制

總結「二十一世紀」慢性腎衰竭的控制重點如下：

1. 早期發現是關鍵。如果你的貓沒有任何明顯理由的減輕體重、精神不好或不願進食、反覆嘔吐、開始喝很多水，或是任何其他不是很明確的症狀，立刻帶貓就醫。

2. 不要餵低蛋白質食物。許多獸醫開始注意到，傳統的飲食控制方式可能已經過時。跟你的獸醫討論餵貓願意吃下去的高蛋白質濕食，而不是難吃的傳統「處方乾飼料」。蛋白質並不會「破壞」貓的腎臟，雖然這是一般的信仰。貓是天生的「高蛋白質」機器，蛋白質攝取不足會嚴重影響病情的穩定以及健康的恢復。

3. 如果你的貓磷指數上升，獸醫會開出磷結合劑，或指示你在食物中加入熟蛋白，讓你的貓在可以獲得蛋白質的同時，也能控制病情。如果你的貓磷指數正常，你的獸醫或許會開始採用活性維他命 D3 療法。

4. 你的獸醫會測量貓的血壓。如果血壓上升，要服用降血壓藥物。所有我治療的慢性腎衰貓，我都會給牠們服用貝那普利，一種血管張力素轉換酶抑制劑，即使貓並沒有高血壓。因為貝那普利帶給腎貓

的好處，並非只有控制血壓而已。我的慢性腎衰貓病患終其一生都服用貝那普利。

5. 如果你的貓有泌尿道感染，你的獸醫會給予短期的抗生素，以治療這個問題。

6. 如果你的貓脫水，你的獸醫會採用靜脈或皮下注射補充水分，修正這個問題。如果有長期的需要，你的獸醫會教你如何在家中幫貓補充水分。皮下注射補充水分很容易，幾乎所有貓主人都學得會，所以不要被這個建議嚇到。固定補充水分可以保住貓命。

7. 如果你的貓嚴重貧血，獸醫可能會幫貓注射紅血球生成素，幫助骨髓製造更多紅血球，把氧氣運送到貓的全身。

8. 請獸醫固定檢查貓的狀況。隨著時間過去，治療方式可能也會跟著調整。有些療程可能需要減少或停止，因為貓的身體狀況改善。成功的慢性腎衰竭控制，需要的是持續的團隊合作。

恰克・羅賓森

恰克是一隻十三歲的已結紮公貓，來我的診所做例行的老年貓健檢。恰克看起來比實際年齡老，毛髮黯沉而且有貓皮屑，體重有點太輕。根據他主人的說法，恰克胃口正常，但是最近越來越不愛動。他們覺得那是因為恰克老了。恰克需要洗牙，除此之外身體看起來一切正常。

恰克的血檢和尿檢數字顯示，BUN 和肌酸酐（Creatinine）數值比標準值還要高一些。（當腎臟功能衰退時，肌酸酐是另一種會累積在血液的分子，跟 BUN 一樣。）他沒有貧血，也沒有發炎的跡象。尿檢也顯示有輕度腎臟功能不全。血壓正常。我指示恰克的主人餵他吃品質好的貓罐頭。我

還開貝那普利給恰克服用，要求恰克的主人兩週後帶他回來複檢血液。如果腎臟功能持續衰退，就要開始補充水分的療程。

兩週後恰克的血檢和尿檢不僅是正常而已，而是全面改善了。他的肌酸酐指數已回到正常值，BUN 只有略微高出標準值，磷指數正常，其他血檢指數也都正常，跟第一次檢查時一樣。在這本書出版的時候（二〇〇七年），恰克已經維持穩定兩年，只有持續服用貝那普利。他的胃口很好，體重增加了四五〇公克。他的貓毛變得又滑又亮，主人說就他的年紀而言他十分好動。恰克一直維持好胃口。

喬琪雅‧班森

喬琪雅是一隻十五歲已結紮母貓，來我的診所是因為有兩天不肯吃飯。我在一年前見過喬琪雅，就她的年紀而言，當時的她看起來是很健康的。可是眼前的她身體脫水，而且無精打采。她的貓毛黯沉且乾燥。腎臟的大小和形狀都正常，其他的體檢也都正常。血檢和尿檢顯示腎臟功能明顯衰退。BUN 和肌酸酐明顯上升，磷指數也高出正常值許多。泌尿道沒有感染，但有輕微貧血。血壓在正常範圍。

她的主人不想讓她住院過夜，進行靜脈輸液補充水分，所以我們同意讓她在家以皮下注射方式補充水分。我們仔細教她的主人如何打皮下注射，班森太太很有信心可以依照我的指示，天天在家幫喬琪雅打皮下注射。因為喬琪雅的磷指數上升，我開出粉末狀的磷結合劑，讓她加在每一餐的高蛋白質食物中。我還開給她貝那普利服用。在她離開診所前，我們替她注射第一次的皮下輸液。

四天後喬琪雅回來複診。她的主人說，上次看診的隔天她的胃口就開

始變好。在家中幫她打皮下注射根本是小事一樁。每天該吃的藥她都有吃下去，而且沒有怨言地吃下加在食物中的磷結合劑。四天後複檢指數大大進步。BUN 和肌酸酐指數下降到只比標準值高出一些，磷指數回到正常值。胃口正常，體重開始上升。我們把皮下注射改為兩天一次，其他療程維持不變。

　　一個月後喬琪雅回來複診。她的主人說她似乎一切都回復正常。肌酸酐落在偏高的標準值，BUN 只是高出標準值一些而已（對吃高蛋白質食物的貓而言，這是可以預期的）。磷指數正常。喬琪雅的改善和穩定大大鼓舞了她的主人，他們願意用補水和服藥的方式照顧喬琪雅一輩子。

　　十八個月後喬琪雅狀況依然良好，她在家接受皮下注射、服用貝那普利、磷結合劑，食物是高蛋白質的商業濕食。她的主人相信她有良好的生活品質，希望可以和他們的愛貓喬琪雅多過幾年幸福的日子。

灰灰・羅茲

　　灰灰是一隻十八歲的已結紮公貓，他在另一家診所被確診慢性腎衰竭，幾個月後來到我的診所，那是我們第一次見面。他之前的獸醫要求他改吃低蛋白質食物，但是在接下來的幾個月灰灰常進出醫院，因為腎衰竭的病況極不穩定。住院期間灰灰接受靜脈注射，接下來的一週似乎身體有比較好，但出院後又開始慢慢惡化，出院七到十天後再度入院。他的主人感到很無助。灰灰不喜歡吃低蛋白質食物，過去六個月體重從四・五公斤下降到三・二公斤。

　　第一次見到灰灰時，他看起來很虛弱而且身體不協調。他的牙齦泛白、明顯缺水、心跳速度過快、腎臟小而且形狀不規則、視力似乎受損，整體

狀況很嚴重。我們幫他做血檢和尿檢，以及量血壓。BUN、肌酸酐和磷指數都很高，而且有明顯的貧血。血壓危險地高，高到造成視網膜（Retinas）部分剝落，導致失去部分視力。他的尿液非常稀釋，因為腎臟已經失去大部分的功能，過濾血液時無法留住水分。他也從尿液中流失相當可觀的蛋白質，心臟功能看起來正常。

我們開始給灰灰靜脈注射，小心補充水分。他開始口服貝那普利和脈優錠，以控制高血壓。每兩天注射一次紅血球生成素，盡可能地刺激製造紅血球。在塞浦希他定幫助促進食慾之下，我們哄灰灰一天吃下兩小餐的罐頭貓食，把磷結合劑拌在裡面。第一天我們還給他注射「滅吐寧」（Metoclopramide），一種抑制反胃的藥物，以預防嘔吐，還有一種「廣效抗生素」（Broad-Spectrum Antibiotic），預防治療過程的感染。

治療第三天，灰灰已經有很大的進步。不管是站著還是走路，腳步都比較穩，胃口也比較好。我們停止他的靜脈輸液，開始改成皮下注射。住院第五天，灰灰已經準備出院了。他的 BUN 和肌酸酐數字依然偏高，但比起剛來的時候已經下降很多。血壓幾乎降回正常範圍。部分視力依然受損，我跟他的主人說，可能要好幾週或好幾個月，視力才有可能會改善。我們讓灰灰出院，他的主人帶著灰灰和皮下注射液一起回家。我指示他們要在灰灰每一餐的食物中加入磷結合劑，而且只能吃高蛋白質罐頭，每天都要服用貝那普利和脈優錠。我們還讓他們帶紅血球生成素回家，每週以皮下方式注射兩次，還有口服抗生素。我交代他們兩週後帶灰灰回來複診。

兩週後再看到灰灰時，我們對他的進步感到開心。血壓幾乎正常，視網膜開始修復，視力好像比以前好。BUN 和肌酸肝只比正常值高出一些。尿液還是很稀釋，但是從尿液中流失的蛋白質減少很多。體重增加了兩百

多公克，看起來比以前壯多了，貧血的狀況也有改善。

　　經過一年多的今天，灰灰在家每兩天打一次皮下注射補充水分。他的主人每天餵他吃貝那普利和脈優錠。血液檢查顯示腎功能指數依然有點高，但狀況是穩定的。每一餐都自動自發吃下加了磷結合劑的高蛋白質罐頭貓食。他已經好幾個月不需要注射紅血球生成素，紅血球數量也穩定落在標準值偏低。灰灰的主人相信他有很好的生活品質。他跟家人都有互動，而且食慾良好。他的視力並不完美，但四處走動沒有問題。到目前為止，他的腎衰狀況沒有惡化，我們樂觀地認為未來還有很多美好的日子在等著他。

　　現在，我所有的慢性腎衰病貓當中，適合接受低劑量活性維他命 D3 療程的，都有接受這個治療方式。從我看到的效果，我相信把這個療程納入治療慢性腎衰貓，可以帶來長遠的好處。詢問你的獸醫，是否你的貓也可以接受活性維他命 D3 的治療。

30

甲狀腺機能亢進——早期確診以治療的關鍵

在中老年貓身上，我們最常見到的慢性病之一是甲狀腺機能亢進（Hyperthyroidism，英文資料：www.avmi.net/information/hyperthyroid-hints）。

一九八〇年代早期之前，獸醫普遍無法辨認甲亢貓，現在這幾乎已經是十歲以上貓的常見疾病。根據我個人的診斷經驗，在我年紀比較大的貓病患中，最常見的慢性病就是甲狀腺機能亢進。在貓脖子前方的兩個小甲狀腺，分泌過多的甲狀腺激素，造成甲狀腺機能亢進。

因為病例的突然增加是最近幾年的事，很多獸醫懷疑是一個或多個環境因素，造成甲狀腺機能亢進。換句話說，我們相信得到良好照顧的室內貓，生活中有某些因素造成年紀比較大的貓得到甲亢。研究人員在尋找這

些因素，但截至目前為止我們所知甚少，不明白到底是什麼原因，造成這麼多貓得到這個嚴重的、激素失調的疾病。

最近一份研究顯示，商業罐頭的內層塗料**可能**跟造成甲亢有關，但這個發現跟我自己的研究觀察非常不一致。每年我都看到好幾十個甲亢病例，這些病例中絕大多數是完全以乾飼料為主食。因此，就算罐頭內層的塗料是造成甲亢的因素，也絕對不會是唯一因素。其他研究人員並沒有做類似實驗。在有更多針對此一影響的實驗結果發表之前，並且解釋這些吃乾飼料的貓是如何得到甲狀腺機能亢進，我對此說法仍將保持存疑態度。

另一方面，在常見的商業貓糧食材中尋找甲亢的成因，大豆是一個值得懷疑的對象。我們已經知道，大豆對人的甲狀腺會造成可觀的影響，而在貓食中加入便宜的大豆，以提高蛋白質含量，是業界一個越來越普遍的做法。商業乾飼料中這個非常不自然的食材，對貓的甲狀腺功能造成惡劣的影響，是極有可能的。可惜的是，要寵物食品公司去贊助一項調查研究，以證明他們所使用的大豆食材的壞處，是一件不太可能會發生的事，所以真正客觀的研究發現，只得仰賴其他來源了。

甲亢貓有什麼症狀？

甲狀腺（Thyroid）是身體的「主要」腺體之一。甲狀腺激素（Thyroid Hormone）驅使貓的身體進行新陳代謝，當這種激素被過量分泌時，病貓的新陳代謝速度會失控。甲亢貓通常會沒有明顯理由地逐漸消瘦。很多甲亢貓食量很大，但卻似乎無法維持體重。有些甲亢貓雖然沒有大食量，但共同點也是逐漸消瘦。有些甲亢貓會出現腸胃道症狀，例如嘔吐和腹瀉，

有些貓則是情緒不安。過度喝水以及高出正常的尿量，在甲亢貓身上也是常見的。病況嚴重的甲亢貓，會出現高血壓以及心臟問題。獸醫或許可以摸到貓脖子前方腫大的甲狀腺，雖然並非所有甲亢貓都會有此症狀。

事實上，甲狀腺機能亢進會出現幾乎所有生病的普遍症狀。因為這個病常見於年紀大的貓，獸醫會要求老年貓做特別的血檢，以作為完整衡量任何不正常症狀的依據。有許多其他的疾病也會出現和甲亢相同的症狀，所以如果懷疑貓得到甲亢，進行完整的檢查是很重要的。

甲亢貓如何確診？

理論上，貓的甲狀腺機能亢進蠻容易就可以確診的。有出現其他甲亢症狀的貓，抽血檢查驗「四碘甲狀腺素」（Thyroxine，或稱 T4），或是把 T4 列為老年貓的血檢項目之一。進行這項檢驗的「參考實驗室」（Reference Laboratories），制定出這個激素的標準範圍值，讓獸醫得以判斷貓的甲狀腺素量是否正常。如果 T4 數值高出正常值許多，那麼甲亢是確診的。同理可證，如果 T4 數字落在標準值內，貓就沒有得到甲亢。很不幸的是，事情並非這麼簡單。

大部分商業實驗室所採用的參考標準值，造成許多偽陰性的檢驗結果。也就是說，患有甲亢的貓 T4 檢驗值完全落在正常值之內，獸醫因此做出錯誤的結論，認為貓並沒有得到甲亢。這種錯誤是有可能的，因為眾多實驗室所使用的參考標準值範圍太大，而且沒有根據年紀做調整。隨著健康貓年紀漸長，甲狀腺分泌的激素越來越少。因此，年長貓體內循環的激素是低於年輕貓的。

在我的執業經驗中，每年我幫很多貓做例行血檢，而且都有包含 T4 檢驗。這些貓有老有少，有健康的也有生病的。雖然多數的實驗室把 T4 「正常值」定在 0.8 至 5.0 微克／分升（一個測量每一單位血液中甲狀腺素含量的方式），但是在一隻健康貓或甚至年輕貓身上，我從來沒有看過 T4 檢驗值超出 3.5 微克／分升。另一方面，正常健康的年長貓，我驗過的 T4 值總是落在 2 微克／分升以下。這表示實驗室設定的標準值範圍太寬，獸醫無法準確判斷貓是否得到甲亢。

幾年前我開始注意到許多我的病患貓出現典型的甲亢症狀，但是牠們的 T4 檢驗值卻是落在正常範圍值的中間，或甚至**更低**。我很肯定這些貓有甲亢，有些我甚至可以摸到腫大的甲狀腺。很幸運的是，我的診所離一間甲狀腺影像中心很近，他們用特別的方式去拍攝甲狀腺「影像」，而且是我的客戶可以負擔的價格。我決定把這些特別的病例全部都送去這裡做檢驗。檢驗結果出來，每一隻 T4 檢驗值落在正常偏低的貓，其實都有甲亢。很顯然用 T4 檢驗判定甲亢是非常不可靠的，除非數值是落在正常值以上。

過去幾年我看過好幾個甲亢病例，但是擔任診斷的獸醫根據正常的 T4 檢驗值，排除甲亢的可能，這是可以理解的。做了 T4 檢驗後，還有其他的血檢方式可以後續追蹤（這些額外的檢查為「三碘甲狀腺素抑制試驗」［T3 Suppression Test］或是 T4 透析檢驗［T4 by Dialysis Test］）；在無法拍攝甲狀腺影像的地區，如果有甲亢疑慮，應該加驗這兩個額外的血檢方式之一，或兩者都做。如果貓的 T4 檢驗值似乎正常，而甲亢的症狀也不是很明確，一個容易的做法是在第一次驗 T4 的九十到一百二十天之後，再驗一次 T4。不管第一次的 T4 檢驗值為多少，如果之後貓的甲狀

腺激素升高，那麼獸醫可以合理懷疑甲亢是存在的，因為正常動物的甲狀腺激素是隨著年紀的增加而減少的。

很顯然有些出現甲亢臨床症狀的年長貓，之前的激素分泌量是被判斷為正常值。我總是跟我的同業說，當他們由臨床症狀診斷發現一隻貓得到甲亢，但是T4檢驗值卻「正常」時，他們應該相信自己的臨床診斷發現。

不過最好的解決方式，當然是請參考實驗室修改貓的T4正常值。但是必須要有更多的獸醫跟參考實驗室反應，告知他們訂出的正常值是誤導的，他們才有可能進行修正。在標準值獲得修正之前，獸醫和主人在面對T4檢驗值時，同時也要考量到貓的臨床症狀，以及確定這些症狀不是來自於其他疾病。

如何治療甲亢貓？

甲亢貓的甲狀腺過於活躍和腫大（增生〔Hyperplastic〕），因此分泌過多的甲狀腺激素。如果沒有加以治療，貓會因為甲亢併發症而死亡。目前治療甲亢貓的臨床症狀有三種選項：藥物治療、外科手術治療以及放射性碘治療（Radioactive Iodine Treatment）。這三種方法都是減少病貓體內的激素。

選擇藥物治療的貓，每天必須口服一種名為「甲硫嘧唑錠」（Methimazole，也就是「甲美樂糖衣錠」〔Tapazole〕）的藥物。甲硫嘧唑錠干擾甲狀腺激素的分子在過度活躍的甲狀腺內合成，但並不會降低甲狀腺的大小或是活躍度。多數的獸醫採用此種方式治療新確診的病患，至少在剛開始時是如此。通常甲硫嘧唑錠會改善病貓的臨床症狀，有時候

效果極為顯著。因為這種藥物只是干擾製造過量的激素，不會讓甲狀腺變小，或是改變其過度活躍的狀態，所以飼主必須每天投藥，不能間斷。此外還需要定期血檢，監控病情的進展。

外科手術治療則是以手術的方式切除甲狀腺。雖然這個方式的確可以完全消除多數病貓的激素分泌，但漸漸地不再是治療甲亢的最佳選擇。因為有併發症的可能性，也就是如果有些甲狀腺組織沒有完全切除，甲亢可能會復發，雖然這種狀況不常見但有發生的可能；再者，也因為還有另外一種更好的，比較不具侵入性的治療選項：放射性碘治療。

運用碘 131（I¹³¹，放射性碘同位素［Radioactive Iodine Isotope］的其中一種），來治療甲亢貓是目前的首選。用這個方式來治療人的甲亢已經有好幾十年的歷史。過去十年，這個方式也被用來治療貓甲亢，而且效果良好。醫療機構必須先取得使用這種碘的執照，病貓才能前往接受治療，幸好目前全美有越來越多這種醫療機構。治療方式是以簡單的皮下注射，將放射性同位素注入體內。

接受注射後，貓必需住院四到五天，等到體內的放射線降到安全值才可出院。回到家後，貓會逐漸恢復正常，因為放射性碘同位素會持續消滅過度活躍的甲狀腺組織。在三種治療甲亢的方式中，有些獸醫認為碘 131 是最昂貴的，但事實並非如此。我跟客戶解釋說，短期來看藥物治療是便宜許多，但是經過二或三年的投藥，以及獸醫的回診監控，累積下來的費用可能跟採用放射性碘同位素一樣多。

甲硫嗎唑錠無法治癒甲亢，只能抑制病情，所以每天都要持續投藥。然而放射性碘同位素是永久移除過度活躍的甲狀腺組織，很多貓在治療後幾個月就完全恢復正常。如果你的貓得到甲亢，請獸醫跟你解釋所有的治

療選項。

　　我的客戶常問我用碘 131 治療甲亢貓「值不值得」，因為甲亢貓年紀通常偏大。我跟他們解釋說只有老貓才會得到甲亢，所以接受碘 131 治療的貓都是老貓。一隻得到甲亢的十五歲老貓，在接受治療後還可以活好幾年，所以我認為接受治療絕對值得。

甲亢貓的併發症

　　有些甲亢貓會出現併發症，最常見的兩種是腎臟病（見第 29 章）以及甲亢引起的心臟病（見第 31 章）。

　　如果你的貓檢查後確定得到甲亢，獸醫會同時檢查腎臟是否正常運作。在一些貓身上，當甲亢症狀很明顯時，腎臟功能會不正常。如果你的貓屬於這種狀況，在治療甲亢的同時也要治療腎臟問題，採用第 29 章描述的一些或全部的治療方式。甲亢引起的腎臟問題，治療方式和任何其他問題引起的腎臟功能失常方式一樣。

　　獸醫可以預期到一個問題，就是治療甲亢時，貓出現腎臟問題，或腎臟問題惡化。在某些貓身上，甲亢的症狀可能會掩蓋住腎臟問題的存在。當以上討論的方式被拿來治療甲亢貓時，被掩蓋住的腎臟問題可能會突然變得很明顯。如果在甲亢療程開始時腎臟問題已經存在，腎臟問題可能會惡化。只要你的獸醫夠機警，在併發症一出現就加以治療，通常可以控制住腎臟的狀況。

　　我聽過一些專家說，有腎臟問題的甲亢貓，也許不應該治療甲亢。他們的觀點是如果治療甲亢造成腎臟惡化，也許最好的做法是不要治療甲

亢。我不同意這個觀點。

同時有甲亢和腎臟問題的貓，面對兩種威脅生命的疾病。我們可以控制甚至治好其中一種病，也就是甲亢，我相信移除甲亢是比較好的做法，因爲如此一來貓只要面對腎臟病。即使治療甲亢後腎臟功能惡化，也有良好的方式可以控制腎臟病，第 29 章有詳細的描述。

甲亢治癒後，甲狀腺腫大引起的兩種併發症的可能性會降低，即高血壓和心臟問題（見第 31 章）這兩種威脅生命的疾病。甲亢會引起心臟病是因爲當病患體內的甲狀腺激素過高時，血壓會上升、心跳會加快。甲亢貓體內有一個時時存在的「加速器」，造成心臟的工作量越來越大，最後終於罷工。預防心臟罷工就是早期發現早期治療甲亢的最好理由之一。如果甲亢確診時，貓已經有血壓上升和心跳加快的現象，獸醫會投藥控制。

身爲一名執業的獸醫，我認爲治療單純的腎臟病，好過同時要治療甲亢和心臟病。不過不管你的貓是屬於哪一種狀況，你的獸醫會給你最好的建議和治療方式。

山迪·湯姆斯

山迪是一隻十四歲的已結紮公貓，第一次見面時是主人帶他來打預防針並進行一般的中老年貓健檢。體檢方面，山迪的體重四公斤，貓毛黯沉無光，而且主人說他「很會掉毛」。主人還說一年前去另一家醫院健檢時，山迪的體重是四·五公斤。體重減輕原因不明，因為過去一年來山迪吃乾飼料的胃口並沒有改變，而且就主人所知山迪沒有什麼健康問題。山迪一年前有打預防針，我跟他的主人解釋說，我不幫中老年的室內貓打預防針，因為過去的年度注射，極有可能讓山迪已經有良好的免疫力；再者，他暴

露在預防針所預防的疾病風險很低，因為他是不出大門的室內貓。

山迪的心跳大約是每分鐘一七五次，血壓正常，看起來沒有心臟問題，觸診也摸不出甲狀腺有腫大。尿液和血液檢查數字都落在正常值內。T4 檢驗值是 2.5 微克／分升，剛好落在標準值的中間。牙齒有中度結石，還有輕微的牙齦炎。除了原因不明的體重減輕以及牙齒問題以外，山迪看起來是一隻健康的中年貓。我建議將山迪的食物換成是品質良好的貓罐頭，並盡快安排洗牙療程。

我跟山迪的家人說，我懷疑山迪快要得到甲亢。就我的經驗，2.5 的 T4 檢驗值對一隻十四歲的貓而言是偏高的，即使並沒有高於正常值。因為我找不出過去一年來山迪體重變輕的其他原因，我想要根據直覺判斷，要求三個月後再幫山迪驗一次 T4，只要他身體狀況良好。三個月後我們幫山迪再驗了一次 T4。這一次他的數字是 2.9。而且雖然過去三個月他吃罐頭貓食胃口良好，但體重再次減少一百公克。現在我很肯定山迪是甲亢貓了。貓和其他動物一樣，隨著年齡的增加，甲狀腺激素的分泌是會下降的。當一隻中老年貓的 T4 數字隨著時間的過去而上升時，一定要把甲亢列入考量，即使許多其他甲亢的典型症狀還沒出現。我們開始每日的甲硫嗎唑錠藥物療程，三十天後送山迪進行碘 131 療程。

兩年後，山迪的 T4 是 0.9，而且有隨著年紀的增加慢慢下降。腎臟功能正常。山迪逃過甲亢沒有確診並且加以治療的劫難，再者因為早期發現早期治療的緣故，他還可以健康快樂地多活好幾年。

羅斯堤‧曼維

羅斯堤是一隻已結紮的十五歲公貓，初次來到我的診所是因為過去幾

個月體重莫名減輕，而且就診前三天開始每天嘔吐二到三次。根據主人的說法，在嘔吐症狀出現之前，羅斯堤突然食量大增。羅斯堤體重三·六公斤，一年前他在另一間醫院檢查時，體重是五·四公斤。三·六公斤的羅斯堤，理想體重應該要有四·六公斤。羅斯堤的貓毛很乾燥，而且有嚴重的貓皮屑。他還有輕微脫水的症狀，心跳頻率每分鐘超過兩百次，還有很輕微的心臟雜音。當我觸診他的前頸部位時，可以感覺到甲狀腺略微腫大。

血檢顯示肝臟酵素稍微過高，其他一切正常，只除了 T4 數值過高，落在 6 微克／分升。尿檢正常。血壓略高於正常值，心電圖檢查除了心跳過快以外，一切正常。胸腔 X 光檢查顯示就一隻十五歲的貓而言，他的心臟和肺臟是正常的。羅斯堤顯然有甲亢，以及可能是甲亢所誘發的早期心臟病。我們給羅斯堤皮下注射補充水分，並且開始讓他服用甲硫嗎唑錠，降低體內的甲狀腺激素；針對高血壓的症狀則是讓他服用貝那普利；嘔吐的部分則是開給他滅吐靈，如果在接下來幾天有出現嘔吐症狀，就讓他在家服用。我們還跟他的主人討論到，當他服用甲硫嗎唑錠至少三十天以後，送他去附近的醫學中心接受碘 131 的療程。在那之前我們會先檢查羅斯堤的腎臟功能。他的家人同意考慮我的建議。

兩週後羅斯堤回來複診。他的家人說他的食量沒有以前那麼大，但還是偏高。體重增加一一〇公克，過度喝水和頻尿的症狀似乎有改善，而且沒有脫水。心臟還是有雜音，但心跳每分鐘一七〇次，血壓正常。整體而言，服藥後羅斯堤的狀況改善了。我們安排他兩週後再來複診。

在確診一個月之後，我們再度檢查羅斯堤。體重又增加了一一〇公克，身體狀況也再次進步。他的家人說他的食量和喝水量都已經幾乎恢復正常。血檢數字再次改善。肝臟酵素回到正常值，腎臟指數依然正常，T4 指數是

3。心跳速率正常，幾乎聽不到心雜音。再次地，我建議送羅斯堤去進行碘131療程。他的家人說如果接下來一個月他的狀況還是有持續改善，就會送他去接受療程。我們繼續開甲硫嘧唑錠和貝那普利給他服用。

確診後六十天羅斯堤再來複診，體重又增加了一四〇公克。腎臟和心臟運作正常，血壓也正常。我們依照計畫安排他進行碘131療程。在療程開始的前幾天，他停止服用甲硫嘧唑錠，但持續服用貝那普利。羅斯堤的碘131療程順利進行，三十天後他回來複診，整隻貓簡直煥然一新。T4數值是1，心雜音完全消失，腎臟功能正常，血壓也正常，所以我們停止讓他服用貝那普利。

在接受碘131療程十八個月後，羅斯堤是一隻健康的十七歲公貓。他的主人很愛他，很開心可以和他共度快樂的生活。他的T4數值以他的年紀來說是真正的正常值。每六個月羅斯堤會回來複診，只是為了確定他維持健康貓生。

凱蒂·波士維爾

凱蒂是一隻已結紮的母貓，第一次來我們的診所做檢查時年紀是十七歲。體重只有二·七公斤，很瘦，而她的主人是最近才發現她很瘦，因為她是長毛貓。幾個月以來，她身體惡化的狀態被長毛所掩蓋。過去兩個月，凱蒂吃乾飼料的食量越來越小，她的主人以為她只是因為年紀大而胃口變小。她的心跳是每分鐘一九〇次，沒有心雜音。身體中度脫水，精神不太好，血壓正常。我確定我摸到她脖子前方的右側甲狀腺有輕微腫大。

當凱蒂被帶來就診時，她的家人承認他們以為我會建議安樂死。他們知道她狀況不好，以為她身體出現很糟的、無法醫治的狀況。如果可以，

我決定救這隻貓。觸診判斷凱蒂的腹部沒有腫瘤，X 光顯示就她的年紀而言一切正常。肺部和腹部沒有任何腫瘤的跡象。X 光顯示肝臟大小正常，腎臟只是小了一點。腹部超音波顯示腎臟組織有疤痕組織，但就一隻十七歲的貓來說，其他一切看起來是正常的。

我們抽取血液和尿液做檢查。她的肝臟酵素指數和腎臟指數都蠻高的（BUN 是 60，肌酸酐 4.5）。尿液很稀釋，而且有少量蛋白質。她的尿液蛋白質與肌酸酐的比值是 0.6，和腎臟指數顯示的腎臟狀況一致。尿液中沒有細菌或結晶。她的 T4 數值是 2.4 微克／分升，我們感到很意外，因為剛好落在「正常值」的中間。從所有的檢查結果，我判定凱蒂有中度的慢性腎衰竭。她的 T4 數值讓我不安，雖然是完全安穩地落在正常範圍內，但就一隻十七歲的貓來說，我相信 2.4 是一個太高的數字。

凱蒂的主人同意帶她去附近的醫學中心拍攝甲狀腺影像。結果確定她的右側甲狀腺腫大，放射線技師認為就她的年紀而言，這個腫大的甲狀腺分泌過量的甲狀腺激素。我們讓她服用甲硫嗎唑錠，以觀察她對藥物抑制甲狀腺的反應。三十天後 T4 從 2.4 降到 1 微克／分升。服用貝那普利後，腎臟功能穩定，維持在確診之前的狀態。我相信碘 131 適合凱蒂，所以她去接受了這個療程。

一年後凱蒂持續服用貝那普利，幫助維持腎臟功能，腎臟狀況穩定。她的主人在家中給她皮下注射補充水分，一週三次。T4 指數是 0.8 微克／分升。體重增加九百公克，狀況良好。我們每六個月追蹤她的病情，預計她還可以快樂地度過好些貓生時光。

31

認識心臟病症狀

和其他物種比較起來，包括人類和狗，貓得到心臟病的比例是比較低的。不過無論年紀大小，貓還是有可能得到一些嚴重的心臟病，而且重要的是，貓主人要瞭解心臟病的症狀是怎麼表現在病貓身上的。

就跟其他動物一樣，幼貓可能天生就有心臟缺陷，沒有成長茁壯的機會。獸醫檢查時，會聽到心雜音以及不規律的心跳。X 光和超音波可以看出問題的根源。先天性心臟病的幼貓有些可以用藥物治療，但是有些可能會隨著貓長大，心臟無法負荷而威脅到性命。當幼貓出現虛弱或是沒有長大的現象時，應該要立即送醫檢查，包括仔細的心臟檢查。

貓心肌病

有一些貓的先天性心臟問題，會在長大剛進入成貓階段才出現明顯的症狀。當貓的心肌產生異常，干擾到心臟把血液運送到全身的能力，這一類的疾病我們稱作是**心肌病**（Cardiomyopathy，英文資料請見：icatcare.org/advice/cat-health/cardiomyopathy-heart-disease-cats、www.homevet.com/browse-articles/can-anything-be-done-for-feline-cardiomyopathy）。病況嚴重時會呼吸困難並且不愛運動，可能會有液體累積在胸腔和腹腔。有些貓可能會咳嗽並咳出液體，嚴重者甚至可能會咳出帶血的液體。要確診心肌病需要進行徹底的檢查。獸醫會使用心電圖以及超音波影像進行診斷，也可能把你的貓轉診給心臟專科獸醫，以進行專業診斷。輕度到中度的心肌病，在投藥控制下可以幫助心臟更有效率運送血液，貓有很大的機會可以過正常的生活。早期發現早期治療是所有心肌病貓的金科玉律。不過很不幸的是，嚴重的心肌病預後並不好。

後天性心臟病

心肌病比較常見於年輕成貓，而且被認為是遺傳而來，但仍舊有少數年紀大的貓會發展出心臟疾病。有些老貓可能會出現鬱血性心臟衰竭（Congestive Heart Failure）的現象，也就是心臟瓣膜沒有適當地打開或關閉，或是因為心肌隨著年齡而衰弱。

甲亢也有可能造成顯著的心臟功能不全（見第 30 章）。這類的心臟問題被稱為「後天性」，因為不是與生俱來，可能是出生後幾年才出現，

或是多年來累積在心臟的壓力而造成。

後天性心臟病的症狀可能跟心肌病很類似，因為都是心臟功能喪失而衍生出的症狀。同樣地，你的獸醫會檢查貓是哪一種心臟病以及病情程度，或是把你的貓轉診給心臟專科獸醫做檢查，包括心臟超音波。當後天性心臟病的病情明顯時，有數種藥物可以有效治療與控制，包括毛地黃素（Digitalis）、貝那普利、「阿替洛爾」（Atenolol）、「悅您錠」（Enalapril）等等，可以持續數年穩定心臟狀況。如果你的貓有甲亢，治好甲亢後通常心臟問題會消失。心臟病貓能否維持生活品質，早期發現是關鍵，所以如果貓出現體重減輕、不想運動、呼吸困難、咳嗽、身體衰弱或任何其他異狀時，要立刻帶貓就醫。

貓心絲蟲

雖然貓感染心絲蟲的比例遠低於狗，但還是有感染的可能，尤其是在狗心絲蟲普遍的區域。跟狗一樣，貓心絲蟲是因為被帶有心絲蟲幼蟲的蚊子叮咬。貓感染心絲蟲常見的症狀是咳嗽，此外可能會對成貓造成更嚴重的肺臟和心臟問題。很不幸的是，有些貓會突然死亡，而唯一的證據是感染到心絲蟲。在心絲蟲普遍的區域（例如美國東南方）執業的獸醫，會幫所有的咳嗽貓驗血，檢查有無心絲蟲。感染到心絲蟲的貓，胸部X光可能會顯示異狀。有預防貓感染心絲蟲的藥物可以使用，就跟狗的一樣。基本上，在心絲蟲不普及的地方，這種藥物不會開給室內貓使用。

心臟病貓所需的營養

如同之前章節所討論的，適當的營養是健康以及所有疾病痊癒的基礎。很可惜的是目前的實際餵食狀況並不理想，就健康貓和病貓所真正需要的營養而言，還有很大的改善空間。心臟病貓完全不需要吃乾飼料，即使市面上有很多標榜針對「心臟病貓」而設計的乾飼料。就算是沒有高碳水含量的心臟病貓罐頭，也不見得是心臟病貓的最佳選擇。

心臟病貓的食物通常會限制攝取蛋白質和鹽分，以為如此一來既可以改善心臟運作、也可保持腎臟健康。其實心臟病貓並不需要限制攝取蛋白質，跟一般健康貓或是得到其他病的貓一樣，都不需要限制。至於鹽要不要限制攝取量，則取決於許多因素。如果你的獸醫認為一般貓罐頭的鹽含量，對於穩定貓的心臟狀況是過多的，或許可以在所謂的「心臟病食物」中，加入低鹽的一般濕食，或是其他低鹽的蛋白質來源。

一個不含磷（針對腎臟健康）、不含鹽的絕佳蛋白質來源是熟蛋白。蛋白是最優質的蛋白質，而且可以加在低蛋白的食物中，提高蛋白質含量。當然重點是你的貓必須願意吃低鹽食物才行。如果你的貓覺得低鹽處方食物不好吃，你和你的獸醫可能得尋找其他貓願意吃的食物。體重減輕是心臟病貓常見的狀況，所以務必為貓呈上可口的食物。

在良好的居家以及醫療照顧之下，大部分的心臟病貓預後狀況良好。

32

中老年貓注射疫苗的新觀點

如同第 10 章所討論，對動物施打疫苗這件事，尤其是貓，現在獸醫的看法和幾十年前大相逕庭。就我個人的執業經驗，我是不幫年紀大的貓打年度疫苗的。我絕大多數的貓病患，不論年紀大小，都是完全的室內貓。我的診所週圍環境車輛交通繁忙，而且存在數量可觀的會獵捕貓的動物，包括土狼。我的客戶瞭解貓在戶外並不安全。因為如此，我客戶的貓出門蹓躂並染上常見傳染病的風險是很低的。

疫苗注射反應的風險是非常確切的，其中包括了一種極為嚴重的癌症。每年都有疫苗注射後出現不良反應的貓來我的診所就醫，經驗告訴我，重複的年度疫苗注射帶來的有害影響，其頻繁出現的程度促使我們必須正視這個問題。當我的患者十歲時，我會針對疾病項目減少注射疫苗，

並降低注射頻率；事實上，我可能會完全停止施打疫苗。如何為每一個患者設計理想的疫苗注射計畫，有基本規章可供獸醫參考，以做出適當的決定。做決定時務必列入考量的是，過度注射引起重病的風險，大於貓得到預防針所預防的疾病風險。

我對所有貓主人的建議是，和獸醫仔細討論是否要注射疫苗來預防許多不同的疾病，還有注射頻率。有固定注射疫苗以預防主要傳染病的貓，當牠們十歲時，可以合理推定身體已經具備高度的免疫力。任何額外的疫苗在注射之前都要先仔細考慮，而且要和貓主人充分溝通。考慮和溝通需要時間，但可以預防疫苗引起的嚴重後果。

33

貓關節炎──趕走疼痛

貓得到關節炎（Arthritis）的比例看起來好像低於狗，但其實我看過許多關節痛的中老年貓，這些貓的年紀大多是十歲或甚至更老。不過受傷也會造成關節炎，所以任何年齡的貓都可能會得到關節炎。因為貓很會忍痛，所以當主人注意到問題存在時，往往是因為關節炎造成行走困難，此時受到影響的關節部位其實已經出現蠻大的變化。過度肥胖是現代貓常見的問題，會讓疾病狀況更加複雜。幸運的是，患者不需要默默承受關節炎的折磨，因為今天我們有更好的方法治療貓的關節炎。

跛腳貓或痛痛貓

關節炎（也稱為退化性關節炎［Degenerative Joint Disease］或是骨關節炎［Osteoarthritis］）出現的第一個症狀，往往是一個或以上的關節無力。患者可能偏好用四肢中的某一肢，或是不願意把身體重量放在某一隻前腳或後腳。當貓因為背痛而拒絕被撫摸或因此生氣時，可能就是脊椎骨（Vertebrae）產生關節炎的訊號。有些關節炎會出現關節腫大，但通常關節的傷害是長期累積而來，外表看不出內部的疼痛。

除了關節炎以外，其他的疾病也會造成關節或其周圍的疼痛。例如，年紀比較大的跛腳貓，可能是腳的骨頭或軟骨中有腫瘤在形成，或是關節周圍的軟組織發炎。要確認問題所在需要獸醫的仔細檢查，通常是拍攝關節X光片。任何原因的關節或骨頭疼痛都是可以治療的，而且通常效果良好，但是就所有病例而言，早期確診當然也是重要關鍵。絕對不要忽視貓的疼痛。不管疼痛是起於腫瘤、感染，或是其他嚴重的狀況，袖手旁觀不僅不人道，而且還會因為延誤治療而賠上貓命。

如果我的貓得到關節炎呢？

如果獸醫發現你的貓得到關節炎，有循序漸進的方式可以採用，以減少疼痛並且改善生活品質。首先，如果你的貓太胖一定要先減肥，減少承受身體重量的疼痛關節的壓力。我們已經在第 20 章討論過胖貓的問題，以及成因是來自於乾飼料的高碳水含量。如果你的貓是吃這種食品，我建議立刻改吃濕食（低碳水罐頭的貓食）。你的貓會過胖，是因為乾飼

料中的養分組合和貓眞正的需要相反。改正食物中的養分組合，可以讓貓安全地慢慢減肥。此外，我都建議我的關節炎病貓吃一種綜合的維他命／礦物質／必需脂肪酸營養品（英文資料請見：www.platinumperformance.com/platinum-performance-feline）。把營養品加在食物中，確保貓有攝取到足量的抗發炎養分。

除了減肥這個明顯的好處以外，相較於吃高碳水乾飼料的貓，吃低碳水食物的關節炎貓會開始自然地好動起來。適當的運動其實對關節炎是有幫助的。當貓更加好動，減肥速度會加快，肌肉也會比較結實。比較結實的肌肉可以給疼痛關節更好的支撐力。

有些專家建議關節炎貓吃葡萄糖胺（Glucosamine）之類的營養品。雖然我們不瞭解葡萄糖胺是如何運作，而減輕了疼痛以及發炎，但是有很多良好的研究確實顯示葡萄糖胺具有這些功效。以我個人的執業經驗，我見過一些病貓光吃這種營養品就獲得改善，但對其他的貓而言，則效果不大，需要吃更強的止痛藥。

最近有一種新的貓狗抗發炎藥問市：「美洛昔康」（Meloxicam，一種非類固醇抗發炎及止痛藥物），商品名是「骨敏捷錠」（Metacam，或譯「美樂骨錠」）。到目前爲止，大部分獸醫使用皮質類固醇減輕關節炎的疼痛，但皮質類固醇使用在人和動物身上時，會有一些嚴重的副作用。雖然有腎臟問題的貓，不應該或是要十分小心使用美洛昔康，但我發現使用在腎臟功能正常的貓身上，止痛效果十分良好，包括關節炎引起的疼痛。在開這種藥給你的貓之前，獸醫會先進行血檢和尿檢。如果你的貓適合使用美洛昔康，一開始每天只要使用幾滴，然後逐漸拉長用藥間隔，一直到兩天用一次，或甚至更長的間隔。

某些病例獸醫可能會建議開刀矯正，但是貓接受這種手術的比例低於狗。就大部分病例而言，減肥、固定運動、葡萄糖胺，以及抗發炎的維他命補充品，加上美洛昔康，如果貓腎臟功能正常，就足以保證你的貓可以無痛地多活好幾年。

　　（審譯註：美洛昔康目前在美國完全不建議在貓身上長期使用﹝但可以作為單一劑量手術後止痛用﹞，因為有相當大風險造成腎衰竭。但在澳洲則是註冊可以作為疼痛控制在貓身上長期使用的非固醇類消炎藥。）

【 第 五 部 】

貓咪照顧的十個迷思

迷思1：現在的寵物比較長壽是因爲吃商業寵物食品

　　我聽過愛貓人表示，而且其中不乏貓科專家，現在的貓比起以前長壽得多。事實上，我們並不知道這一陳述是否屬實。過去幾十年來，可以證明貓平均壽命出現改變的證據寥寥可數，所以我們不能因此而作出結論，說貓的平均壽命比三、四十年前還要長。不過有一點倒是很明確，就是今日的室內貓比放養的貓長壽很多。我們有充分的證據可以支持這個結論。

　　那些認爲商業食品對延長室內貓壽命再怎麼說都有功勞的人，卻完全拿不出證據支持他們的說法。有許多不同的室內和戶外環境因素，影響貓的壽命長短。室內貓得到比較多的保護，可以遠離遭遇到車禍和掠食者的風險，得到傳染病的風險也低很多，而且通常比在戶外放養的貓獲得更多的醫療照顧。以上只不過是舉了幾個室內貓與放養貓二者間的重要差異而已，但光是這樣就足以將商業貓食從這些延長了今日貓壽命的因素之中去除掉。對於商業貓食這一因素而言，很不幸的是，根本沒有任何理由讓人相信它和延長室內貓的壽命有什麼關係。我們來看一個對照的例子，就能瞭解爲什麼。

　　和五十年前比起來，現在的美國人平均壽命比較長。人類壽命延長的這幾十年以來，同樣這一群人吃下越來越多油膩、高糖、高碳水的速食，以及其他過度加工的便利食品。和過去幾十年相比，現在的我們比以前胖很多，而且人類營養學家不停地在我們耳邊嘮叨，要我們改吃品質更好、更新鮮的完整食物。你可以想像是因爲過度加工速食的消耗量提高，過胖的人越來越多，造成我們的平均壽命延長嗎？我們活得比較久和食物**並沒有關係**。人類壽命的延長歸因於許多其他因素，例如吸菸人口減少、使

用安全帶、更好的出生前後的照顧，以及驚人的高科技醫療技術的進步，擊退了疾病和傷害。事實上，以方便為取向的食物反而對身體健康有害；是那些強力保護我們生命的因素，沒有被這種食物打敗。

家貓也是如此。當牠們住在室內時，壽命也許會比住在戶外時還要長，但是商業食品，尤其是乾飼料，不但跟延長貓壽命無關，而且還剝奪貓的身體健康，甚至生命。

迷思 2：乾飼料是最好的貓食

有些專家建議餵食乾飼料，因為反正放著也不用擔心會壞掉。讓貓隨時有食物吃的想法不但不合邏輯而且有違天性。這個認為室內貓隨時需要食物的想法，不過是賣出幾十億噸食品的寵物食品製造商，刻意營造出來的錯覺。住在野外的貓，只有在成功捕獲獵物時才有食物吃。貓並非處於隨時都能捕獲獵物的狀態中，所以當然不是隨時有食物吃。餐與餐之間可能相隔很久，不管是大貓還是小貓，都得自力更生。定時定量餵食可以模擬貓自然的進食斷食循環。乾飼料任食會給貓的身體帶來不自然的、傷害生理健康的不平衡。乾飼料剝奪貓身體運作時需要的水分，而且製造出會導致疾病的鹼性尿。

有些製造商在乾飼料中補充酸性物，試圖克服鹼性尿的問題，但這種酸化劑可能也會造成同等的傷害。乾飼料表面噴上一層「發酵液」；肉類處理過程中所產生的副產品，被拿來進行發酵製成發酵液。發酵液沒有營養價值，是特別針對提高嗜口性而設計生產，貓可能因此對乾飼料上癮。這可以解釋為何有些貓拒絕停吃高碳水乾飼料，不願意改吃更

健康的濕食。

　　乾飼料還把大量的糖分送進貓的血管，完全打亂自然的新陳代謝過程。這種不平衡常常導致貓過胖，得到糖尿病或是其他嚴重的疾病。諷刺的是，有些專家開始建議定時定量餵乾飼料，以因應過胖貓如雨後春筍般出現的現象。如果把方便這個因素取走，和更好消化的低碳水罐頭比起來，乾飼料有什麼優點可言？目前也沒有可靠的研究證實乾飼料的營養成分比垃圾食品更出色。

迷思3：乾飼料比罐頭省錢

　　有些專家說乾飼料比較經濟實惠。他們說乾飼料的水分比較低，所以購買者花比較少的錢買水。貓的獵物本身含有百分之七十八甚至更多的水分，餵含水量極低的乾飼料是在迫使貓要去努力喝下更多的水，以補足這種不自然的食品所提供的水分。或許肉底的食物確實比穀物底的食物來得貴，但是該花的錢還是要花，誰會只餵孩童吃早餐麥片，只因為和肉類以及新鮮蔬菜比較起來，早餐麥片比較便宜？

　　這種省錢方式顯然是錯誤的，即使大部分的早餐麥片有添加許多維他命和礦物質，看起來似乎比較營養。跟孩童一樣，我們不應該為了省錢，餵貓吃最便宜的食材做成的食物。治療為了**省錢**而導致的慢性疾病，所花費的金錢絕對遠超過你省下來的食物錢，對人對貓皆是如此。

迷思 4：乾飼料可以幫貓潔牙

　　寵物食品公司跟我們說，乾飼料具備磨擦牙齒的潔牙功效。這個說法乍聽之下好像有道理，但實際在臨床所見的卻是打臉這個說法。現在的貓大部分以乾飼料為主食，但獸醫還是不停地看到很多貓有嚴重的牙齒或牙周問題。很明顯地，這種食物並無法預防牙齒問題。我們在貓的口腔內看到的許多嚴重問題，例如蛀蝕牙齦邊緣牙齒的「齒頸再吸收病變」（台灣慣用譯名：貓破牙細胞再吸收病害），發生在吃乾飼料的貓身上。我從來沒有聽過人的牙醫要病患吃洋芋片、玉米片或是早餐麥片，因為可以潔牙。你有聽過嗎？

　　其實和人的零食一樣，當乾飼料在口腔和口水混和時，會變成黏黏的糊狀物，黏在牙齒和牙齦上，黏著的範圍大於濕食，因為濕食通常在咀嚼後，比較可以完全吞下去。糊狀物中所含的加工碳水化合物和糖，會造成細菌滋生。乾飼料表面還有一層酸性物質，以提高口感。當這種食品是貓的主食時，口腔會形成高於正常的酸性環境，破壞牙齒琺瑯質，甚至造成再吸收病變。還有，乾飼料甚至可能會造成更多的牙垢和牙結石，結果是牙齦疾病和牙齒琺瑯質被侵蝕。

迷思 5：美國飼料管理協會的活體餵養實驗，證明長期吃寵物食品是安全的

寵物食品公司提出的「美國飼料管理協會」（AAFCO）的活體餵養實驗，無法證明長期餵寵物食品是安全的。以下是一個證明這個說法的真實故事：

大約在一九八八年，加州大學戴維斯分校一名年輕的心臟科住院獸醫，注意到一個有意思的狀況。他的一隻前來治療鬱血性心肌病（Congestive Cardiomyopathy）的貓病患，血中的牛磺酸含量極低。貓和其他許多生物都需要牛磺酸這個必需氨基酸，眼睛和心臟的功能才能正常運作。這隻貓病患的唯一食物，是一個「高品質」的高級商業乾飼料，照理說應該有提供貓所需要的牛磺酸才對。畢竟，貓吃的食物是有經過「活體餵養實驗」的，而且這些實驗顯示，這個食物可以提供各個年齡層的貓完整而均衡的營養。當然這隻貓的心臟問題，不會是因為食品中牛磺酸含量不足吧？

初次接觸到這個病例後的接下來幾個月，這名獸醫開始研究其他罹患鬱血性心肌病的貓病例。讓他大為意外的是，幾乎所有他研究的病例，貓血液中的牛磺酸含量都很低，而且在給病貓補充牛磺酸以後，許多貓的病情都得到極大的改善。這些貓吃的都是「有通過活體餵養實驗」的食物。有經過充分實驗的食物，怎麼可能會造成貓得到致病的心臟病？有經過充分實驗的食物，怎麼可能會是致命的養分缺失的直接原因？

隨著這位獸醫的持續調查，答案越來越明顯。處理食物的過程，不知為何讓食物中的牛磺酸進入「不活化」的狀態。如果是這樣，為什麼活體

餵養實驗沒有發現到這個可怕的缺失？爲什麼？因爲活體餵養實驗進行的時間有限，通常沒有超過六個月，所以只有會**迅速**傷害身體的不適當和有毒物質，才會在實驗過程中發現。

幾個月的實驗時間，不會讓大部分的貓因爲牛磺酸攝取不足而出現明顯症狀。因此這些產品通過活體餵養實驗後被製造出來，而且行銷多年，造成許多貓死亡，一直到一名年輕獸醫的認眞觀察，注意到問題所在，並且加以矯正爲止。寵物食品公司和他們「嚴格測驗以證明食品安全的實驗」，造成數以千計的貓得到致命的疾病，而發現問題的人，本意完全不是要去尋找食物中的營養缺失。

迷思 6：寵物食品中的副產品是不好的

你可能有讀過，貓食中的肉類副產品是品質不好的食材。這是某些公司用來推銷他們所謂「不含副產品」飼料的說法。有些副產品**的確**不適合拿來製造寵物食品，但並不是**所有**的副產品都不適合。早期的商業寵物食品業，普遍使用一些食材例如鳥喙、羽毛、腳和其他品質不好的食用動物部位，製造寵物食品。這當然不是製造優質食品的方法，尤其是現在有來自一般大眾的壓力，反對在食品中加入這些沒有營養的添加物。

食物類別中的「肉類副產品」，其實有很棒的貓食食材。舉例來說，人類不會購買的牛部位被歸類爲副產品，例如脾臟和肝臟。有通過美國農業部檢驗的動物脾臟和肝臟，被拿來當作貓食物的一部分，是可行的做法。一個不含副產品的食物，可能含有大量的次級或第三級、被加工處理過的穀物、蔬菜和水果。把這些沒有用的、甚至有害的食物拿來當

作食材，製造商可以提出聽起來似乎很重要的訴求，那就是他們沒有使用動物副產品。然而和其他使用品質好的肉類副產品，並且沒有用到無用的植物食材的貓食比較起來，這些標榜沒有使用動物副產品的貓食，營養價值可能低上許多。在決定購買何種貓食罐頭時，主人必須學會如何閱讀產品包裝上的標籤（見附錄 1）。碎玉米、細玉米粉、粗玉米粉、米或是米粉、大豆、胡蘿蔔、馬鈴薯、地瓜和水果等，都是不適當的食材。最好的貓食應該是來自於信譽良好的製造商，**而且**不含植物。

迷思 7：生食對貓不好

　　我常被問到為何餵貓吃生食。很多人相信餵寵物吃生肉，會無法避免地造成食物中毒。這是不合邏輯的想法，因為幾千年以來貓都是吃生肉。在我超過二十年的獸醫執業經驗中，老實說我從來沒有看過一個吃人食用等級的生肉而食物中毒的貓病例。其實餵貓吃高度加工、以植物為基底的食物，所製造出來的貓疾病，遠比吃生肉還要高出很多。

　　餵生肉當然要謹慎而且要有常識：要餵新鮮的或是剛解凍的肉，要根據營養原則補充營養品（英文資料請見：www.catnutrition.org）。如果你偏好把肉稍微煮熟也無所謂，不會影響到食物的營養價值。如果你只餵生肉，把肉稍微煮過後務必補充維他命營養品。

迷思 8：皮質類固醇不會讓貓產生副作用

就讀獸醫學院時，學校教導我們貓跟狗是不一樣的，貓似乎比較可以忍受長期接受皮質類固醇，而不會有嚴重的副作用出現。當上獸醫後我同時治療貓和狗，發現學校教的並非事實。因爲在接受中劑量的長效型類固醇注射或長期口服類固醇之後，我看到許多貓肝功能受損甚至得到糖尿病。在我看來，類固醇會讓狗和人產生的副作用，**也會**出現在貓身上。

我還觀察到另一件奇怪的事情，那就是對類固醇副作用最敏感的貓，都是吃乾飼料的貓。在研究其中可能的原因之後，我的結論是餵貓吃高度加工、高碳水的貓食，會給貓的肝臟和胰臟帶來壓力。如同我們在先前的章節所討論，那是因爲貓體內這兩個器官並不適合處理糖分和加工過的碳水化合物。肝臟和胰臟與能量新陳代謝關係最爲密切，長期被不自然的高糖分所淹沒，給這兩個器官帶來了壓力。

我們還知道皮質類固醇也會給這兩個器官帶來壓力。當吃乾飼料的貓，同時也接受類固醇以治療疾病時，兩者加起來的壓力超過肝臟和胰臟的負荷。這些貓開始出現肝功能受損和糖病尿的現象。然而我那些不吃澱粉的糖分食材的濕食貓病患，必須服用皮質類固醇時，我並沒有看到這些副作用出現。這些濕食貓似乎比較能夠抵抗長期或是高劑量類固醇所產生的不良副作用。我跟所有吃類固醇的貓病患主人說，如果他們要把類固醇的副作用風險降到最低，就絕對不能再餵貓吃乾飼料。

迷思 9：所有的貓每年都要打預防針

過去十年的獸醫學研究發現，每年幫寵物打疫苗可能是不必要的，甚至可能有害健康。在更早之前，人用疫苗研究者發現，在沒有頻繁補強施打的狀況下，疫苗可以給人很長的免疫期。他們還發現有些疫苗會引起人嚴重的、甚至致命的反應。因為這些發現，大部分的人成年後很少固定施打疫苗。只有當人暴露在某種特別的風險時（當我們受傷，有可能接觸到破傷風致病原），或是當我們的年紀屬於感染流感的高危險群，或是到某些特定國家旅行時），我們才會在成年後接受施打「特定」疫苗。

每年幫寵物打疫苗立意良善，也因為貓狗普遍施打疫苗，許多傳染病完全或幾乎消滅。然而當疾病並非流行的情況下，每年幫寵物施打所有傳染病疫苗並不適當。在幫你的寵物施打疫苗之前，切記要和獸醫仔細討論寵物接觸該疾病的風險與機率。

迷思 10：母貓在結紮前應該生一次小貓

這是最常見的錯誤觀念之一。沒有證據顯示在母貓結紮之前，生一次小貓會給母貓帶來什麼好處。其實在母貓有機會生小貓之前就結紮，不但可以降低得到一些嚴重疾病的風險，而且也可以減輕寵物數量過多的問題。結紮後的貓一樣親人愛撒嬌，更愛待在家裡，不像未結紮的貓老是想往外跑。當貓因為結紮而過胖時，只要避免餵食乾飼料，改吃罐頭或生肉，就可以避免過胖。母貓結紮的最佳時機是三到六個月大時。你的獸醫會和你討論結紮的好處，並且對結紮最佳時機提出建議。

附錄 1

如何閱讀寵物食品標籤

雖然大部分的人不知道，但其實是有科學的方法可以閱讀寵物食品標籤的。政府主管單位有法令訂出規則，要求食品標籤必須呈現的內容以及方式。可惜的是大部分的寵物主人並不瞭解這些規則，寵物食品製造公司因此有機會玩弄這些規則，用最有利他們自身的方式呈現商品。不過寵物主人倒是可以學會辨識一些最常見的食品標籤花招，以便從五花八門的寵物食品中，找出最好的食物，這是此處要討論的重點。

首先，要瞭解如何閱讀寵物食品標籤，有一個定義是很重要的。我們會在接下來的文章中不停地提到「乾物比」（Dry-Matter Basis）。「乾物比」指的是將食物中的水分略去不計之後，某一成分或養分在這份食物中所占的百分比。這是一個非常重要的概念，因為如此一來才能在公平的

基礎上，比較水分含量不同的乾飼料和罐頭。

乾飼料的含水量約 10%，這表示其他食材占了 90%。如果要略去水分不計，讓食物只剩下「乾物」，我們要做一個簡單的計算。例如乾飼料包裝上列出蛋白質含量是 25%，那麼我們用 25% 除以 0.9（等於 90%），獲得的數字是 27.8%。試著用你的計算機來算一下。所以，一個水分含量 10% 的乾飼料，含量 25% 的蛋白質**乾物比**是 27.8%。寵物食品標籤列出的所有養分都可以用這個方式計算。

罐頭、妙鮮包和自製濕食的含水量大約是 75%，剩下的食材含量是 25%。我們用同樣的計算方式略去水分讓食物只剩下乾物。例如一個罐頭含有 10% 的蛋白質，我們用 10% 除以 0.25（等於 25%），獲得 40%，即蛋白質的乾物比。罐頭產品標籤列出的所有養分都可以用這個方式計算。

請注意我們以上比較的這兩種當作範例的食物，在把食物轉成乾物比之前，看起來乾飼料的蛋白質（25%）高於罐頭（10%）。當我們進行計算，不計入這兩種食物的水分，以置於相同的比較基礎時，罐頭的蛋白質（40%）顯然比乾飼料（27.8%）高出許多。現在你知道在比較乾飼料和濕食的標籤時，簡單的數學計算有多重要。

食物的名稱

如果你知道個中玄機，可以從貓食的產品名稱看出食物內容。例如，一個食物取名為「牛肉貓食」（Beef Cat Food），根據規定這份食物中的牛肉含量至少**必須**要有95%的乾物比。如果食物名稱是「牛肉主菜」（Beef Entrée）或是「牛肉大餐」（Beef Feast）等，那麼牛肉含量只需要 25%。

如果品名包括「含有」（with）這個字眼，例如「含有牛肉的貓食」（Cat Food with Beef），那表示這份食物中牛肉的含量只需達到3%即可。然而，以上的例子所提到的肉，可能並不是該份食物唯一用到的肉。除了出現在商品名稱中的肉，可能這個食物還包括其他的肉類蛋白質來源，但並沒有出現在商品名稱中，通常是魚。如果你的貓對某種肉類或魚過敏，詳細閱讀商品標籤尤其重要。你必須仔細閱讀標籤，不能單單依賴製造商自取的商品名稱或口味來選擇食物，你還必須閱讀食材列表。

食材列表

寵物食品標籤的法令規定，食材列出來的次序必須根據重量，第一個列出來的食材是重量最重的食材。假設一個食物的食材列表出現的次序如下：「水、牛肉、肝、肉類副產品、粗玉米粉、細米玉粉、玉米麩、雞油、維他命和礦物質」，我們知道在這份食物中，重量最重的是水，其次是牛肉、肝等等。這種特別的標示方法是寵物食品公司玩弄的花招，試圖掩蓋某種食材的真正含量。以這個例子來看，粗玉米粉、細米玉粉、玉米麩雖然基本上是相同的食材，但根據玉米的粗細以及不同部位被分成三種計量，所以出現的次序落在肉的後面。用這種方法標示的食物中，有些玉米的含量其實是僅次於水的，但是因為玉米被分成三種不同名稱（雖然都是取自玉米），因此落在食材列表後方。你可以看到相同的標示手法，被用在其他的穀物食材上。

有時候你會看到在乾飼料的食材列表中，「雞肉」是第一個出現的。列為「雞肉」的這一成分有很高的含水量（75% 或以上），但是在製造

乾飼料以及射出成型的過程中，雞肉必須除去水分，做成「雞肉粉」。如果包裝上列出的是「雞肉粉」，表示已經除去水分的重量，排序會被往後推。例如，有一個乾飼料的食材列表是「雞肉、細玉米粉、雞脂肪、大豆蛋白質，等等」，有可能食材在被製成乾飼料後，雞肉的重量並沒有高於細玉米粉；雞肉之所以可以被排在細玉米粉的前面，是因爲在除去水分製成乾飼料**之前**的雞肉，重量比細玉米粉重，所以根據規定可以列在細玉米粉之前。

現在的寵物主人有更加仔細在閱讀食品標籤，因此寵物食品製造公司利用這些以及其他的方式，好讓食品標籤看起來可以更加吸引主人去購買。如此扭曲規則所製造出來的假象，比較常見於乾飼料的標籤，這並不令人感到意外，因爲穀物和其他非肉的添加物，是很重要的乾飼料配方。

營養分析表

法令要求製造商在寵物食品（以及人食用的食品）的標籤上列出一些基本的營養素百分比，提供消費者購買時參考。一個典型的罐頭食品營養分析表大約如下所示：

蛋白質	最少 9.5%
脂肪	最少 5.0%
纖維	最多 0.8%
水分	最多 75%
灰質（礦物質）	最多 2.0%

請注意碳水化合物百比分並沒有被列出來，那是購買貓糧時一個非常重要的考量。不過有一個簡單的方式可以算出這份食物碳水化合物的含量。把以上列出來的數字，從蛋白質到灰質，全部加起來（其他有列出的營養成分不用加進來，例如鈣、鎂和磷，因為可能已被列入灰質或其他養分中，而且含量極低，所以不需列入計算）。就以上的例子，我們把 9.5%、5.0%、0.8%、75% 和 2.0% 加起來，得到的總和是 92.3%，然後再用 100 去減，得出來的數字就是碳水化合物的含量。不用擔心「最少」（Min.）和「最多」（Max.）的字眼。這一個計算方式可以得出很接近真正含量的碳水數字，而且可以用公平的方式和其他貓食比較。

　　把以上例子的所有非碳水食材加起來，包括水分，得到的數字是大約 92.3%。用 100 去減以後，得到 7.7% 碳水化合物的濕物比。這個數字看起來可能沒有很高，但實際上就罐頭而言如此的碳水數字是高的。很多罐頭的碳水含量濕物比是 4% 或甚至更低。要把這個碳水濕物比數字轉成乾物比，我們必須用百分之 7.7% 去除以 0.25（因為這個罐頭的乾物重量是 25%），得到的數字是接近 31% 的碳水化合物乾物比。

　　以下是一個比較理想的營養分析表：

蛋白質	最少 11%
脂肪	最少 8.0%
纖維	最多 1.5%
水分	最多 75%
灰質（礦物質）	最多 2.5%

以上數字加起來是98%，不含碳水化合物；用100%減去98%得到2%的碳水化合物濕物比。當我們用2%去除以0.25，得到的碳水化合物乾物比數字是8%。跟剛才的31%比起來，這個碳水數字理想多了。

信不信由你，當你在購買貓食的時候，計算這些數字會變成一個自然反應。同樣地，當你在閱讀食材列表時，你也會熟練地看出這份食物到底含有哪些食材。如同上面所看到的例子，並非所有商業濕食都是低碳水的。閱讀食材列表，以及從營養成分表中算出碳水的含量，都是你在選擇貓糧時非常有用的工具。即使是同品牌但口味不同也要小心注意，因爲食材可能會非常不一樣。

符合美國飼料管理協會營養標準的措詞

所有寵物食品包裝上，都印有符合「美國飼料管理協會」（AAFCO）營養標準的措詞。這個措詞會讓人以爲這份食物有被徹底測試過，是適合貓咪吃一輩子的好食物。本書第3章有討論到，爲什麼如此的措詞並不能真的保證那包乾飼料或那個罐頭眞的是適合貓咪吃一輩子的好食物。

附錄 2

食物分析

（所有數字皆是「乾物比」）

	蛋白質	脂肪	纖維	碳水化合物	牛磺酸
高級的「一般」乾飼料 [1]	34%	22%	1.6%	38%	0.17%
「低碳水」乾飼料 [1]	53%	23%	0.6%	13%	0.40%
高級罐頭 #1 [1]	42%	24%	4.6%	28%	0.37%
高級罐頭 #2 （依產品標籤所示）	54%	11%	7%	13%	0.22%
脫水粉狀貓食 （依產品標籤所示）	33%	29%	2.6%	31%	0.15%

	蛋白質	脂肪	纖維	碳水化合物	牛磺酸
生兔肉 （添加營養品）[2,3]	66%	4.5%	0.7%	3.8%	0.64%
生兔肉 （未添加營養品）[3]	66%	4.5%	0.7%	3.8%	0.07%
生雞肉 （添加營養品）[2,3]	53%	27%	2%	>1%	1.1%
火雞內臟 （添加營養品）[2,3]	66%	11%	<1%	16%	1%
牛心（未添加營養品）[2,3]	66%	14.4%	5.7%	9%	0.20%
Feline's Pride 生雞肉餐 [4]	55%	28%	0.56%	5.5%	0.20%
全隻鼠肉 [5]	55%	38%	1.2%	2-3% （估計值）	無資料

1. 分析結果來自美國愛荷華州狄蒙一家國際型檢驗測試公司「歐羅分科學公司」（Eurofins Scientific Inc.）。

2. 這裡所添加的營養品是我個人最喜歡使用的品牌 Platinum Performance Feline Wellness，是嗜口性很好的氨基酸／維他命／礦物質綜合營養品，我所有的貓都吃。產品連結：www.platinumperformance. com/platinum-performance-feline。

3. 分析的肉品來自 Omas Pride 這家使用人食用等級肉品生產貓狗冷凍生肉餐的製造商（網站請見：omaspride.com）。我只餵我的貓吃這家生肉餐，而且也推薦給我養貓的客戶。

4. 分析資料由 Feline's Pride（專門販售貓狗生肉餐的廠商，現已更名為 My Pet's Pride，網站請見：www.mypetspride.com）提供，「紐澤西飼料檢驗實驗室」（New Jersey Feed Labs.）負責檢驗分析。

5. 資料來源：獸醫黛博拉・左倫博士（Deborah L. Zoran DVM, PhD, DACVIM）：〈肉食動物和貓營養的關係〉（"The Carnivore Connection to Nutrition in Cats"），發表於《美國獸醫醫學雜誌》（*Journal of American Veterinary Medical Association*），221 冊 11 號，2002 年 12 月 1 日。

針對以上分析的看法：

- 在所有列出評估的食物中，「一般」的貓乾飼料碳水化合物含量最高，不出所料。這不僅是所有貓乾飼料的共同點，包括高級品牌，而且在市售貓乾飼料中，這個碳水數字還不是最高的。對貓來說，38%的碳水化合物含量不僅令人完全無法接受，而且是來自高度加工的穀物碳水化合物，含有極高的升糖指數。在所有貓食中，這是最有可能造成糖尿病的食物。只要是貓，都不該吃這種食物。

- 很可惜的是，即使是所謂的「低碳水」乾飼料都還含有相當高的碳水化合物。尤有甚之，這份乾飼料中的碳水化合物是來自升糖指數相當高的高度加工馬鈴薯。已復元的糖貓無法因為吃這個食物而維持正常的血糖值，事實上所有貓都不該吃。

- 一些罐頭的碳水化合物含量是危險的高值，如表中的「高級罐頭 #1」所示。如果你閱讀這個食物的標籤，你會看到在食材列表的前方，有好幾種穀物食材。即使是罐頭，這都是代表此為高碳水食物的警訊。在加工製造的過程中，罐頭和妙鮮包並不需要用到穀物，乾飼料才需要。這種便宜的食材只是為了增加食品分量，沒有營養價值可言，而且有害貓的身體健康。

- 和「高級罐頭 #1」比較起來，「高級罐頭 #2」的碳水含量比較理想。但即使是這個在罐頭中常見的碳水含量 13%，也是我會推薦我的客戶購買的罐頭，其實仍然高出貓的自然食物中的碳水含量許多。稀釋商業濕食碳水化合物含量的做法，是加餵生肉或熟肉。

- 所有檢測的肉碳水含量都極低，除了火雞內臟（心臟、胗和肝）以外。這可能是因為肝醣這一貯存在肝臟的自然糖分的關係。當然沒有貓會

只吃肝維生，所以在貓的自然食物中，這不會是貓所攝取的最終碳水含量。兔子和雞的肉幾乎不含碳水，一如預期。整隻獵物的肉、骨頭和內臟肉的碳水含量，通常低於 10%。

- **商業**兔肉比商業雞肉瘦。兩種肉一起食用，貓可以獲得比較理想的脂肪攝取量。另外，補充內臟，包括心臟，也可以提高脂肪的攝取。脂肪是必要的營養素，提供身體必需脂肪酸和熱量。

- 所有檢測的食物，牛磺酸的含量都高於「美國國家研究委員會」建議的最低含量。雖然送檢的商業兔肉天然牛磺酸含量最低，但根據「美國國家研究委員會」的建議含量，該牛磺酸已經足以提供貓身體所需，尤其生肉或稍微煮過的肉，不會因為烹煮而造成牛磺酸的流失，飼料商品才會。我們看到在補充營養品以後，該兔肉的牛磺酸含量大大地提高了（八倍）。不過不知原因為何，商業生雞肉即使沒有額外添加營養品，通常牛磺酸的含量（0.12%）會比較高。

- 有完整補充營養品，並且經過實驗室檢驗以及貓活體餵養實驗的生肉餐，可以向 Feline's Pride（現已更名為 My Pet's Pride，資料請見 304 頁註釋 4）這一類的廠商購買。我個人購買的是事先添加了營養品的高品質生肉產品，推薦給不想要既買肉又要買營養品，但卻想給貓吃可口的營養生肉的主人。雖然這種產品並不是最省錢的餵生肉方式，但肉的品質良好，而且選擇眾多，顧客服務也很不錯。

把所有的訊息列入考量之後，我認為有三種選擇可以提供貓適當的營養，並且避免食物引起的疾病：低碳水化合物的濕食（罐頭或是妙鮮包），且不含穀物、蔬菜或水果，可以維持貓咪的身體健康（英文資料請見：www.

catinfo.org）；新鮮的生肉或是稍微煮過也可以，這是我個人偏好的貓食，我的貓都這麼吃；同時餵食品質好的罐頭和生肉，也是維持貓身體健康的一個做法。

我餵食的是 Feline's Pride 的生肉餐，或是使用生肉食譜，食譜內容是分量相同的帶骨生兔肉、帶骨生雞肉（骨肉先行絞過，我從來沒有餵過整塊沒絞的帶骨肉）加上生的內臟肉（火雞或是牛）。我也推薦這種食譜或其他類似的給我的客戶。（英文資料請見：www.catnutrition.org 以及 www.mypetspride.com）。這份生肉食譜，我會再依照製造商的建議劑量添加 Platinum Performance Feline Wellness 的綜合營養品（商品連結請見：www.platinumperformance.com/platinum-performance-feline）。我用該方法培育了好幾代的奧西貓，包括幼貓和哺乳的母貓，成效良好。

過去許多年來，我從來沒有看過吃生肉的貓出現食物中毒或是任何其他負面影響的病例。事實上就我個人可觀的經驗，和吃其他食物的貓比起來，吃生肉的貓的身體、毛髮狀況和活動力都比較出色。我有許多客戶餵商業濕食的同時，也餵生肉或熟肉。這也是一個很好的做法。

成功控制糖尿病貓的準則

這份準則包括三個部分，缺一不可：適合糖尿病貓的食物；適當的藥物／激素治療（也就是正確的胰島素）；適當地使用前述食物和藥物，來使病貓復元、恢復胰臟正常的功能。

飲食

造成貓得到第二型糖尿病的最普遍原因是不當的食物，所以控制糖尿病的絕對基礎是食物。雖然獸醫界已經習慣相信高纖維乾飼料可以協助控制貓的糖尿病，但其實卻正是**因為**如此錯誤的信仰，造成糖尿病前所未有的難以控制。餵糖貓吃高纖維乾飼料**完全是一個錯誤的做法**。事實上，

這種食品有兩個極大的缺點。第一個缺點是食品中的高碳水含量讓血糖升高，儘管含有纖維。除了高纖以外，這種食品通常是「低脂」，因為如此，原本食物中的脂肪被更好消化的碳水化合物所取代（因為錯誤地相信是食物中的脂肪讓貓發胖）。

第二個嚴重的缺點是高纖維。身為絕對肉食動物的貓，腸胃道比狗和人類的短。在貓進化的過程中，腸胃道調整適應攝取高熱量、低植物含量的食物的做法，是縮短腸道的長度，消化纖維的能力因此降低。高纖維產品忽略這個事實，對貓的腸胃道帶來不自然的負擔，結果是體內無法消化的纖維過多，身體可以吸收的養分卻減少了。

因此要良好控制第二型糖尿病，提供糖尿病貓的食物**必須**是高蛋白質、適量的脂肪，以及很低的碳水含量，尤其要避開來源是高升糖指數的穀物和植物，例如玉米和馬鈴薯的碳水化合物。糖貓不該吃任何種類和品牌的乾飼料，包括所有「糖尿病貓處方乾飼料」。糖貓可以吃的食物有糖貓處方低纖維罐頭，以及許多其他品牌的低碳水罐頭和妙鮮包。生肉也是很棒的貓食，不管是不是糖尿病貓。

要找到良好的商業濕食，一定要閱讀食品標籤。如果你看到的食材是細玉米粉、粗米玉粉、玉米麩、米或是米粉、馬鈴薯、地瓜、胡蘿蔔，或任何水果，不要買來餵貓。貓不需要穀物、蔬菜或是水果。加入這些食材只是為了吸引主人購買。這些食物和貓需要的營養完全沾不上邊。餵貓吃低碳水罐頭不僅可以大大降低糖貓的血糖波動，同時也可以減少因吃乾飼料引起的不正常過量飲食，因為乾飼料無法提供飽足感。

適當的胰島素

到目前為止，對糖尿病貓最有效的胰島素是取自動物的「魚精蛋白鋅胰島素」（Protamine-Zinc Insulin，簡稱 PZI）。牛和豬的胰島素分子，和貓的胰島素比較像，在大多數的貓身上，只要最低的劑量就可以得到最好的效果。給予此種胰島素的間隔時間是六到十二小時，而且因為許多罐頭或妙鮮包貓食可以幫助降低血糖，讓 PZI 可以良好地控制糖貓，表現遠遠優於「因速來達」（Insulatard®）、「優泌林」（Humulin®）（以上二者皆為 NPH 型胰島素），或是比較新的人體胰島素「蘭德仕」（Lantus®，甘精胰島素 [Insulin Glargine]），或是「瑞和密爾」（Levemir®，地特胰島素 [Insulin Detemir]）。美國和許多其他國家都可以買到 PZI。前往以下網址：www.felinediabetes.com/pzi-sources.htm，可以找到這種胰島素的購買地點以及廠商連絡資料。你的獸醫會開出處方箋，讓你可以在這些地方買到胰島素。

雖然有一個小型研究顯示，蘭德仕可以讓食用低碳水濕食的糖貓新病患進入緩解期，但是這個研究並沒有真的證明蘭德仕的效果比 PZI 好，因為在這個研究中，PZI 給予方式並非理想。這個研究沒有考量到，其實不管用什麼胰島素，只要吃的是低碳水濕食，新發病的糖尿病貓多數可以順利進入緩解期。就我個人使用這種人體胰島素的經驗而言，和 PZI 比起來，使用蘭德仕的糖貓狀況比較無法預測，因此比較難以穩定血糖並進入緩解期。再者，蘭德仕是一種人體胰島素，和取自牛的 PZI 比較起來，理論上比較容易引起過敏反應。和人體胰島素相比，牛胰島素的氨基酸結構，和貓本身的胰島素比較接近。或許這可以解釋為什麼在控制糖尿病時，PZI

的效果比較好。

血糖控制策略——密切規範

糖尿病貓的症狀中最令人害怕的是低血糖，這是一個大家都知道的事實。也因此，大部分傳統的糖貓治療方式，無形中延續了糖尿病存在的時間，因為要一直將血糖值保持在高於正常值（150 毫克／分升）的水準，使得糖貓要痊癒根本不可能。毫無疑問地，當然要去避免低血糖引起的抽搐，但那並不表示為了避免低血糖，因而讓血糖值維持在 150 毫克／分升以上，或甚至是 200 以上，才能避免低血糖。生理結構的進化使然，**貓更傾向**於保持在 100 以下的血糖值，以良好運作身體。事實上，如果可以在沒有醫院壓力造成血糖上升的狀況下來檢查健康貓的血糖值，我們會發現大部分的貓血糖值是介於 60 至 100 之間！貓血糖中大部分的糖，是肝臟轉化蛋白質氨基酸而來，視身體需要而產生。碳水化合物造成的血糖急速升高，對雜食和草食動物來說是可以接受的，但對貓天生的機制而言，是沒有必要，而且根本不被接受的。

高血糖對貓的胰臟有害或造成功能受阻（甚或兩者皆有），毫無疑問地，貓在進化過程中需要處理碳水化合物的機會微乎其微，導致該功能幾乎退化。因此，糖貓的治療目標是協助胰臟恢復一些或是全部的正常功能。罹患糖尿病時間並不久的貓，幾乎都可以達到這個目標。其實新發病的貓多半對飲食調整的反應良好，甚至不需要胰島素。因為此時的胰臟還尚未因為長期高血糖而停止運作。

立刻解除食物過量糖分的現象，可以讓貓的胰臟能力迅速再度活躍起

來。得到糖尿病時間短的糖貓，和得病時間長的糖貓一樣，終其一生**絕對不能**再吃高碳水乾飼料，主人務必瞭解到這點。因為一旦高糖食物或是類固醇再度對胰臟造成壓力，糖尿病會很快復發。而對曾經得過糖尿病的貓和吃乾飼料的貓而言，類固醇可說是有害的。

光憑食物改變，通常無法立刻治癒得病時間較長的糖尿病貓。這一類的糖貓，尤其是因為吃乾飼料或使用 PZI 以外的胰島素而沒有得到良好控制的糖尿病貓，復元之路會比較漫長。這是符合邏輯的，因為這些貓的胰臟功能長時間被破壞和抑制得很嚴重，有些貓的胰臟甚至完全沒有任何殘餘的功能了。但是，你永遠無法以貓得病的時間長度，肯定地預測貓是否可以痊癒。

我們曾經見過得病時間頗長的糖貓，在適當的控制方法照顧之下，慢慢（幾個月）改善狀況。即使那些得病時間長，且控制方式不當，而永遠無法停打胰島素的糖貓，在改吃低碳水食物，並搭配劑量正確的PZI以後，也變得比較健康，臨床表現也比較正常。**無法單單依靠食物改變而修復胰臟正常功能的糖貓，施打 PZI 的目的，是要把血糖維持在正常值（60 至 130），而且要一直維持正常**。這一點非常重要。切記。

持續的高血糖讓胰臟長期處於功能受阻／中毒的狀態，而造成糖尿病，此時要治好糖尿病的唯一可能是注射胰島素，以便有效率地把血糖值拉回正常範圍內。在放鬆的狀況下，大部分正常貓的血糖值介於 60 至 100 之間。只要你餵的是低碳水濕食，就不會造成貓出現抽搐的狀況。我用低碳水食物治療過幾百隻糖貓，從來沒有造成任何一隻貓抽搐，儘管其中許多貓的血糖值低於 100。很顯然地，停吃乾飼料的糖貓，肝臟能夠再度製造葡萄糖，以因應血糖下降。也許是因為復元中的胰臟如今可以分泌

升糖素，帶動肝臟釋出葡萄糖的能力，或是因爲一些糖尿病控制方法，對肝臟本身產生其他直接影響。不管是什麼原因，被重新喚醒的肝臟功能讓低血糖的臨床症狀成爲歷史。被教育要擔心維持血糖正常會帶來風險的主人，不再需要擔心害怕。因爲血糖回到正常值之後，停針希望開始浮現。

　　我用「密切規範」來稱呼我治療糖貓的方法。名稱反應了這套準則要嚴密地採用適當食物搭配正確的胰島素，把糖貓血糖值拉回健康貓的正常範圍內。這套做法可以讓貓永久處於緩解期，即使是長期病貓。居家測量血糖值是這套做法的特色之一。我推薦所有的糖貓主人購買一台血糖機（和人的糖尿病患使用的血糖機相同）。學習使用血糖機簡單又容易。我的糖貓病患主人都很快就學會熟練的使用技巧（英文資料請見：www.felinediabetes.com/bg-test.htm）。一旦開始居家測量血糖值，你就可以方便獲得所有需要的訊息，良好控制糖貓的病況，甚至說不定可以讓糖尿病消失。

　　PZI 效果的高峰時段是在注射後六到八個小時。也就是在注射胰島素的六到八個小時之後，糖貓的血糖會來到最低點。之後血糖會再度開始上升，直到再次注射胰島素爲止。因爲如此，我要求我的糖貓病患主人，在每次注射胰島素之後的六到八個小時，幫貓測量血糖值。如果血糖還是超過正常值（高於 150），那麼一定要再打一次胰島素。在進行密切規範的最初幾天，主人一天測三到四次血糖值，通常會必須打胰島素，施打劑量則是根據每次測量的血糖值而定。

　　這麼做也許看起來很花時間和力氣，而且和傳統不測血糖直接一天打一次或兩次胰島素的做法比較起來，**的確**麻煩許多。然而密切規範的好處無窮，我每一個採用這套做法的客戶都很慶幸當初接受了我的建議。他們

的貓狀況改善，更活潑、更愛玩、身體狀況更好，這是他們採用傳統舊方法時完全沒有看到的。此外，經過幾天或幾週以後，很多貓需要的胰島素劑量越來越少、施打頻率降低，而且大多數最終不再需要打胰島素。在採取密切規範之初，主人付出的時間和心力，此時得到許多倍的回報，因為病貓恢復了健康。

以下是針對採取「密切規範」的胰島素劑量建議數字。這套做法要求主人在家每天最少測量兩次血糖值，但最好是每天三到四次（每次間隔六到八小時），胰島素劑量根據血糖值而定。

血糖值（毫克／分升）	胰島素注射單位（使用 PZI）
151 至 170	0.5
171 至 185	1.0
186 至 200	1.5
201 至 220	2.0
221 至 250	2.5
251 至 290	3.0
291 至 350	3.5
351 至 410	4.0

採用這套做法的幾天或幾週以後，你就可以開始看到很「正常」的數字。只要保持餵貓**只吃**低碳水食物，就不需要擔心出現低血糖臨床症狀。事實上，這套做法希望把血糖值調整維持在 60 至 120 之間。即使血糖值

降至 30 至 50 之間，**也不要餵糖漿或是乾飼料**。這種時候你要餵的是少量的高蛋白質濕食，而且這麼做與其說是爲了貓，倒不如說是爲了安撫主人。隨著時間過去，小劑量的胰島素就可以達到以前高劑量的相同效果，然後你甚至可以開始不需要打胰島素，因爲在打胰島素的許多個小時之後，或甚至幾天之後，測量出來的血糖值依然在正常範圍內。當這種狀況出現時，你會知道貓的胰臟開始自行運作。想要知道這套做法的更多訊息，歡迎前往我的糖尿病貓討論區：www.yourdiabeticcat.com。

最後提醒：有些獸醫使用**果糖胺**測試（有點像人的糖尿病的糖化血色素［A1c］測試），以瞭解施打胰島素的糖貓控制狀況。在主人開始居家測量血糖之前，這個測試很有幫助。此測試測量貓最近三週體內血糖的大約「平均值」。如果果糖胺測量結果是高的，表示血糖沒有得到良好的控制，必須抓出血糖曲線，以決定如何調整胰島素劑量。然而從事居家測量的主人，已經等於自行製作血糖曲線，對胰島素劑量的使用有更精確的判斷依據，自然不需要做果糖胺測試。

INDEX
名詞索引

SimpleLife 18

你的貓

完整探索從幼貓、成貓到中老年貓的照顧，照著這樣做，讓愛
貓活得健康、幸福、長壽！每一位貓奴及獸醫的必備經典指南！

作　　　者	伊莉莎白·哈吉肯斯 Elizabeth M. Hodgkins	
譯　　　者	謝凱特（aka 酒鬼）	
審　　　譯	饒宛茹	
責 任 編 輯	席　芬	
副 總 編 輯	劉憶韶	
總 編 輯	席　芬	
社　　　長	郭重興	
發行人兼 出版總監	曾大福	
出 版 者	自由之丘文創事業／遠足文化事業股份有限公司 Email: freedomhill@bookrep.com.tw	
發　　　行	遠足文化事業股份有限公司 231　新北市新店區民權路 108-2 號 9 樓	
電　　　話	02 2218 1417　傳真 02 8667 1065	
劃 撥 帳 號	19504465　戶名：遠足文化事業股份有限公司	
書 籍 設 計	羅心梅	
內 頁 插 畫	小瓶仔	
印　　　製	前進彩藝有限公司	
法 律 顧 問	華洋法律事務所 蘇文生律師	
初版一刷	2017 年 3 月	
初版 11 刷	2020 年 8 月	

國家圖書館出版品預行編目 (CIP) 資料

你的貓：完整探索從幼貓、成貓到中老年貓的照
顧，照著這樣做，讓愛貓活得健康、幸福、長壽！
每一位貓奴及獸醫的必備經典指南！/ 伊莉莎白·
哈吉肯斯 Elizabeth M. Hodgkins 作；謝凱特（aka
酒鬼）譯；饒宛茹 審譯. -- 初版 . -- 新北市：自
由之丘文創，遠足文化，2017.03
面；　公分 ——（SimpleLife；18）
譯自：Your Cat: Simple New Secrets to A Longer,
Stronger Life
ISBN 978-986-92773-9-6（平裝）
1. 貓 2. 寵物飼養

437.364　　　　　　　　　　　　105024821